E. AUGÉ, ÉDITEUR A ROUEN

# NOTRE-DAME DE BONSECOURS

## VINGT-CINQ DESSINS PAR FRAIPONT

### INTRODUCTION PAR LE R. P. MONSABRÉ

### NOTICE HISTORIQUE
PAR L'ABBÉ JULIEN LOTH

### DESCRIPTION DE L'ÉGLISE
PAR L'ABBÉ SAUVAGE

ROUEN

E. AUGÉ, LIBRAIRE-ÉDITEUR

M DCCC XCI

# NOTRE-DAME DE BONSECOURS

ÉGLISE DE BONSECOURS. La Statue miraculeuse.

E. AUGÉ, ÉDITEUR A ROUEN

# NOTRE-DAME DE BONSECOURS

## VINGT-CINQ DESSINS PAR FRAIPONT

### INTRODUCTION PAR LE R. P. MONSABRÉ

### NOTICE HISTORIQUE
PAR L'ABBÉ JULIEN LOTH

### DESCRIPTION DE L'ÉGLISE
PAR L'ABBÉ SAUVAGE

ROUEN
E. AUGÉ, LIBRAIRE-ÉDITEUR
M DCCC XCI

CHER MONSIEUR LE CURÉ,

OUS m'avez demandé, par une gracieuse lettre, une page en l'honneur de Notre-Dame de Bonsecours. Je serais un ingrat si je vous la refusais, car personne mieux que moi ne connaît, par expérience, le *bon secours* de Notre-Dame. Je l'ai priée plus d'une fois dans l'admirable sanctuaire dont vous êtes le gardien; je lui ai demandé la lumière et la force dont j'avais besoin pour mener à bonne fin l'œuvre apologétique que m'ont confiée les vénérables archevêques de Paris, et que j'ai terminée cette année; elle ne m'a rien refusé.

Pendant vingt ans, mes chers hommes se sont empressés autour de la chaire de Notre-Dame de Paris, avides d'entendre exposer les plus hautes vérités de la foi; pendant vingt ans ils ont été fidèles à ma parole; pendant vingt ans ils m'ont donné la consolation de nombreux et fervents retours à Dieu; pendant vingt ans, ma santé, quelquefois chancelante, s'est trouvée soudainement fortifiée à l'heure du travail et de la fatigue, et j'ai

1

pu chanter d'une voix ferme encore, à l'entrée de ma vieillesse, l'*Amen* du dogme catholique.

Toutes ces grâces, je les dois au *bon secours* de Notre-Dame. Mon œuvre est son œuvre, et, s'il m'en revient quelque gloire, cette gloire lui appartient tout entière. Tout à ma chère Mère des cieux; rien pour moi que l'honneur et le bonheur d'avoir travaillé sous sa bienveillante protection.

Aussi comme je l'aime, et comme je désire qu'elle soit aimée! Je voudrais pouvoir dire au monde entier: « Allez à elle, vous qui sentez tout ce qu'il y a de faiblesse et d'infirmités dans notre pauvre nature, vous qui parcourez en gémissant les tristes sentiers de cette vallée de larmes, vous que le présent accable et que l'avenir épouvante, allez à elle: elle est d'un *bon secours.* »

Elle est d'un *bon secours* pour les âmes simples et droites qui lui demandent de connaître la vérité, car « elle a répandu sur le monde la lumière éternelle »: *Mundo lumen æternum effudit.* Elle est d'un *bon secours* pour les âmes faibles, les esprits incertains qu'ébranle le choc des opinions, des préjugés, des erreurs du siècle, car « elle a triomphé toute seule, dans les combats que l'hérésie a livrés depuis dix-neuf siècles à la vérité catholique »: *Cunctas hæreses sola interemisti.*

Elle est d'un *bon secours* pour les âmes ardentes qui cherchent à pénétrer les mystères divins; car, plus rapprochée que tous les mortels de la sagesse éternelle, « elle a gardé dans son cœur la profonde impression de ses secrets: » *Maria autem conservabat omnia verba hæc in corde suo.*

Elle est d'un *bon secours* pour les cœurs généreux qui veulent aimer Dieu d'un amour sans réserve, et dépenser leur ardeur dans les grandes œuvres de charité, car on l'appelle « la Mère du bel amour »: *Mater pulchræ dilectionis.*

Elle est d'un *bon secours* pour les cœurs troublés et languissants que sollicitent le monde et les passions, ministres de Satan; car, « sous son pied vainqueur, elle a écrasé la tête du serpent infernal: » *Serpentis caput virgineo pede contrivit.*

Elle est d'un *bon secours* pour les misérables qui vivent déshonorés et gémissants dans l'esclavage du péché; car, mère de Celui qui a sauvé le monde, source virginale du sang de la rédemption, « elle est la Mère de miséricorde : » *Mater miseri-cordiæ.*

Elle est d'un *bon secours* pour ceux que Dieu prédestine à des vocations de choix, car « c'est à sa suite que les âmes virginales sont conduites au Roi des rois » : *Adducentur regi virgines post eam.*

Elle est d'un *bon secours* pour les infortunés mortels qu'accablent les maux de l'âme et du corps, car nous l'appelons « la Consolatrice des affligés et le Salut des infirmes» : *Consolatrix afflictorum, Salus infirmorum.*

Elle est d'un *bon secours* pour les peuples malheureux. Notre pays, si éprouvé et si menacé, lui devra son relèvement et son salut, si nous savons la prier avec ferveur, car nos pères l'ont dit : « Le royaume de France est son royaume : » *Regnum Galliæ regnum Mariæ.*

Partout on peut l'invoquer, mais il est des sanctuaires où elle aime à se montrer plus compatissante et plus secourable. L'antique et illustre ville de Rouen possède un de ces sanctuaires, autrefois humble chapelle devenue, grâce à la généreuse reconnaissance des nombreux clients du bon secours de Marie, un de ses plus magnifiques temples. Du sommet de la colline où l'on a construit son glorieux trône de grâces, la Mère de Dieu bénit la grande cité qui se déploie sous ses pieds, les coteaux et la vallée, les prairies et les champs, le fleuve qui serpente mollement et retarde son cours, comme pour ne pas quitter la riche Normandie, le droit chemin où des chars rapides emportent chaque jour, de la mer au centre de la France, du centre de la France à la mer, des milliers de voyageurs.

A tout ce qu'elle voit d'en haut, la Vierge de bon secours semble dire : « Venez à moi, les portes de mon sanctuaire sont ouvertes. Vous qui cherchez, vous qui luttez, vous qui peinez, vous qui pleurez, vous qui souffrez, approchez-vous du trône de grâces où je vous attends; vous y trouverez miséricorde dans le secours qui vous convient : » *Misericordiam in auxilio opportuno.*

Allez donc à Marie, vous qui vivez dans son voisinage et qui êtes à la porte de sa secourable puissance. Et vous, qui traversez la vallée d'où l'on aperçoit son sanctuaire, arrêtez-vous, ne serait-ce que pour contempler une merveille. L'admiration vous fera prier, et votre prière sera payée d'un *bon secours*.

Pour moi, je ne passe jamais devant la montagne sacrée que domine le palais de ma Mère sans lui envoyer mon cœur et sans lui dire : « A toi, Dame de *bon secours*, amour filial et éternelle reconnaissance! »

J.-M.-L. MONSABRÉ

# NOTRE-DAME DE BONSECOURS

## NOTICE HISTORIQUE

—◆—

## CHAPITRE I

### LES ORIGINES

A montagne Sainte-Catherine émerge comme un promontoire de la grande vallée de la Seine, et commence la série des falaises qui bordent, de Rouen à Paris, la rive droite du fleuve. Tranquille et majestueuse, la Seine développe, au pied de la colline, le large ruban de ses eaux, portant dans ses méandres des îles verdoyantes, placées çà et là comme des corbeilles de feuillage. En face, de vastes prairies qui se prolongent jusque sur la lisière des forêts à l'horizon; à droite, l'antique cité de Rouen, la capitale normande, s'élevant en amphithéâtre avec ses milliers de

maisons, sa grande cathédrale, ses églises gothiques, ses
tours, ses flèches, ses aiguilles, ses monuments modernes,
entourés d'une ceinture de boulevards plantés de jeunes
arbres; au loin, la succession des côtes, dont les lignes
d'émeraude vont se confondre avec le ciel. La vue embrasse
de tous côtés une immense étendue, variée par les aspects
les plus divers, et où se manifeste puissamment, par de
vastes agglomérations, villages, établissements industriels,
l'activité humaine. Là, sur un des points les plus élevés de
ces falaises et de la Normandie, appelé de toute antiquité
le mont Thuringe, dans l'un des sites les plus poétiques
et les plus pittoresques, se dresse l'église de Notre-Dame
de Bonsecours, le sanctuaire privilégié, populaire, de la
Vierge Marie. C'est là que la douce Mère du Sauveur, devenue au Calvaire la mère des chrétiens, et, avec le baptême
de Clovis, la vraie Reine de la France, est depuis de longs
siècles l'objet du culte des générations normandes, qui vont
y invoquer spécialement son tendre et puissant secours.
C'est là que montent en pèlerinage des multitudes sans
cesse renouvelées, heureuses de venir déposer dans le cœur
de Marie leurs sollicitudes et leurs vœux, sûres d'être enten-
dues, consolées par celle qu'on n'a jamais invoquée en
vain.

L'histoire de ce pèlerinage et de ce culte remonte aux
plus lointaines origines; elle n'est pas écrite, il est vrai,
avant le XIe siècle, dans les documents publics, mais elle
est vivante dans la tradition. Les grandes dévotions populaires n'ont pas besoin d'être constatées par des chroniqueurs : elles existent parce qu'elles ont été transmises
d'âge en âge par les pères aux enfants; elles font partie des
souvenirs et, si l'on peut ainsi dire, de l'âme des peuples.

Qu'on y fasse réflexion : aucune tradition ne s'improvise,
moins encore les traditions religieuses; elles sont le résultat

de croyances longtemps entretenues et propagées, qui ont pour elles la double sanction du temps et de l'expérience.

Il en est ainsi pour tous les lieux de pèlerinage. Quand et comment ont-ils commencé, nul ne le saurait dire. Il plaît à la sainte Vierge de se manifester d'une manière plus sensible, par des bienfaits plus abondants, dans un lieu de son choix. D'instinct le culte commence, l'autorité ecclésiastique s'en inquiète et, après de longues et prudentes informations, accorde son assentiment; une petite chapelle s'élève, qui devient bientôt le rendez-vous des âmes souffrantes et croyantes. Des miracles attestent que la vertu divine sanctionne la dévotion naissante. Le bruit s'en répand dans la contrée. Aux visites individuelles succèdent les groupes de pèlerins, puis bientôt des paroisses entières, de pieuses multitudes.

Les grâces reçues appellent la reconnaissance. Des ex-voto remplissent le sanctuaire et conservent la mémoire des prodiges accomplis. Quand les années, les siècles, ont passé sur ces manifestations de la confiance publique et de la divine bonté, le sanctuaire est devenu un lieu privilégié, cher aux âmes et à l'Église. On demande, pour constater ce mouvement populaire, cette intervention du ciel, une histoire suivie, des dates, des documents authentiques.

Un siècle comme le nôtre, où l'on écrit tout, pourrait en fournir; mais, quand on remonte au xie siècle, où trouver de pareils renseignements? En dehors des cathédrales, des chapitres, des abbayes, de quelques grandes communes, qui ont eu leurs chroniqueurs et ont conservé leurs chartes, nos paroisses sont à peu près dépourvues de titres pour le moyen âge. Le pèlerinage de Bonsecours n'a guère pour lui, avant les temps modernes, que la possession immémoriale des temps et la persévérance de la foi des aïeux.

« Ce n'est peut-être pas trop à regretter, dirons-nous avec

l'éminent évêque de Rodez. Ce qui est ancien échappe trop souvent aux témoignages circonstanciés de l'écriture, et les plus vieilles choses sont celles qui n'ont été consignées que dans la mémoire des peuples[1]. »

Que le sanctuaire élevé à Marie sur le mont Thuringe ait été favorisé des grâces du ciel, les quatre derniers siècles tout au moins l'attestent.

« Incontestablement, dit le docte abbé Maynard[2], il y a des lieux privilégiés, dans l'ordre de la grâce comme dans l'ordre de la nature. Il y a des sols plus fertiles en faveurs célestes, comme d'autres sols en fleurs et en fruits; des sols produisant telle grâce, comme d'autres sols telle denrée. Il y a des espèces de capitales de la grâce, où le grand Roi, siégeant sur le trône de sa miséricorde et de sa puissance, accueille toute demande et dispense toute faveur.

« Incontestablement, il y a des lieux hantés par l'esprit du mal ou par l'esprit de Dieu. Le paganisme avait ses lieux d'oracles, dont la fréquentation par les peuples les plus cultivés du monde ancien ne s'explique raisonnablement que par quelque intervention diabolique. Au sortir de son mystérieux sommeil et de sa vision merveilleuse, Job s'écria : « Le Seigneur est vraiment dans ce lieu! »

« Le vrai Dieu, dont Satan n'est que le singe, a donc aussi ses lieux d'habitation spéciale. Il eut Silo dans le désert, il eut Sion et son temple dans la Palestine; il a ses lieux encore, mais multipliés comme les contrées et les peuples qui ont embrassé le christianisme, c'est-à-dire semés dans tout l'univers.

« Dieu est partout, a dit saint Augustin, et il ne saurait être enfermé dans aucun lieu. Il faut donc l'adorer en esprit et en

---

[1] Discours du 20 juillet 1890, prononcé au couronnement de Notre-Dame d'Ay.
[2] *Vie de la sainte Vierge.* Didot, 1877.

vérité, dans le secret comme en public. Néanmoins il déploie particulièrement sa puissance dans certains endroits, sans qu'on découvre pourquoi ici plutôt qu'ailleurs.

« Ces endroits désignés à la foi et à la confiance des peuples par quelque apparition, quelque miracle ou la possession de quelque image, de quelque relique insigne, sont précisément les lieux de pèlerinage.

« Presque tous sont des sanctuaires de Marie. Ils sont si nombreux, qu'on a pu en dresser un atlas, où ils se comptent au delà de mille. »

Interrogeons d'abord le lieu où s'élève notre sanctuaire privilégié. « Blosville, simple hameau en 1060, écrivait en 1824 M. le marquis de Belbeuf, président à la cour royale de Lyon, dans un mémoire adressé à M. le préfet de la Seine-Inférieure, possédait déjà une chapelle dédiée à la sainte Vierge ; le sanctuaire attirait beaucoup de pèlerins ; le hameau se peupla, et la chapelle fut créée, sur la demande des seigneurs du lieu, en 1205. Un de ses successeurs la fit ériger en paroisse, en 1332, et en donna le patronage aux chanoines réguliers de Saint-Lô de Rouen [1]. »

C'est sur le mont Thuringe que la chapelle de Blosville est dressée. Ce mont est mentionné dans nos plus vieux chroniqueurs. Farin, qui les a si consciencieusement résumés, a retrouvé le nom d'Aubert, chevalier, seigneur de Thuringe auprès de Rouen et gouverneur du pays de Neustrie, en l'an 750, sous le règne de Pépin le Bref, roi de France.

« Suivant les chroniqueurs normands, dit M. l'abbé Cochet, le château de Thuringe avait été occupé, au VIIIe siècle, par le terrible Robert le Diable, fils du duc Aubert. On

---

[1] Archives du château de Belbeuf. Papiers de famille, 26e liasse.

6      NOTRE-DAME DE BONSECOURS

remarque, ajoute le savant archéologue, au nord-ouest de
l'église, sur une colline qui regarde Rouen, un terrassement
considérable quo le peuple appelle Thuringe. Ce retranche-
ment est accompagné d'un fossé profond, qui se reconnaît
aisément sur le plateau et sur le flanc de la colline. C'est
le reste d'un ancien camp, qui figure en entier sur de vieux
plans de Rouen. A l'époque franque, peut-être même à
l'époque romaine, il dut exister un *catelier* ou château sur
la côte du mont Sainte-Catherine (tout à fait distinct du
célèbre fort situé au couronnement de la côte), que Gosselin
le Vicomte, dans sa fondation de l'abbaye de la Trinité-du-
Mont, mentionne ainsi : *Partem de castellario quæ nostræ
emptionis vicina est.* Nous croyons qu'il faut y voir le camp
de Sainte-Catherine, occupé par Henri IV, en 1592, et qui
aurait déjà existé à une période plus reculée. Tous les jours
la culture démolit les terrassements et comble les fossés de
cette vieille enceinte[1]. »

Le mont Thuringe avait donc une importance historique
dès l'époque franque. Que la sainte Vierge ait choisi ce lieu
pour y manifester sa puissance et sa bonté dès ces temps
reculés, il est permis de le conjecturer d'après la tradition,
dont le mémoire de M. le marquis de Belbeuf invoque le
témoignage. Ce qui est absolument certain, c'est que la chapelle de Blosville existait en 1034, et qu'elle faisait partie de
la paroisse du Mesnil-Esnard[2]. Lorsque les seigneurs de
Pavilly, seigneurs et patrons du Mesnil-Esnard, cédèrent
le patronage de cette paroisse aux religieux de Saint-Lô, la
chapelle de Blosville se trouva comprise et mentionnée dans
la donation[3]. Deux siècles après, les documents officiels

[1] Répertoire archéologique de la Seine-Inférieure, p. 266. Imprimerie nationale, 1871.
[2] Archives départementales.
[3] Cartulaire du prieuré de Saint-Lô.

appellent cette chapelle une paroisse, lui donnant son vrai titre : « paroisse de la bienheureuse Vierge Marie, de Blosville. » Une charte, conservée dans nos archives, fonds des Chartreux, relatant une donation d'Helvisin Torel, et datée de septembre 1261, porte : *parochia Beatæ Mariæ de Blosville.*

Un document des plus importants, la bulle du pape Urbain III, de 1186, confirmant aux religieux de Saint-Lô les donations des seigneurs et autres bienfaiteurs de Blosville, prouve qu'au xiie siècle l'église de Blosville était constituée et avait son existence propre. Au xiiie siècle, Blosville était paroisse et avait son curé.

Le *regestrum visitationum* d'Eudes Rigaud en fait foi[1].

Les 3 des nones d'octobre 1266, Raoul Mauconduit, curé de Blosville, est cité à comparaître, en l'abbaye de Sainte-Catherine, devant Eudes Rigaud. Gauthier le Magnifique, l'un de nos plus illustres et de nos plus généreux archevêques, confirma, en 1205, aux religieux de Saint-Lô de Rouen le patronage de plusieurs églises, parmi lesquelles Mesnil-Esnard avec la chapelle de Blosville : *Sancta Maria de Menillo-Esnardi, cum capella de Blosville*[2]. Un acte de 1302, conservé dans les archives du monastère de Sainte-Catherine, reconnaît une fois de plus le patronage accordé au prieuré de Saint-Lô, de *l'église de Blosville et ses appartenanches*[3].

Les chartes, publiées par M. Léonce de Glanville dans son *Histoire du prieuré de Saint-Lô*, répètent fréquemment ces donations.

Le titre de l'église paroissiale de Blosville a toujours été

---

[1] Page 559.

[2] Cartulaire du prieuré de Cressy, dépendant de Saint-Lô, feuillets 48, 49, 50, transcription par Vidimus.

[3] Liasse 2. Communes pâtures.

la sainte Vierge, jusqu'au xviiie siècle. A cette époque, un curé de Bonsecours, Pierre Longer, qui a laissé un volumineux manuscrit conservé au presbytère, s'intitule *curé de la Très-Sainte-Trinité de Blosville,* dite vulgairement Notre-Dame de Bonsecours. Il ne s'est avisé de ce nouveau titre que dix années après son intallation. De 1718 à 1728, il signe « curé de Blosville, dit Bonsecours », ou « curé de Bonsecours » tout simplement.

A partir de 1728 jusqu'à sa mort, il change de titre et prend celui de curé de la Très-Sainte-Trinité de Blosville, dit Notre-Dame de Bonsecours ; c'est sur cette prétention de Pierre Longer, dont l'autorité nous est très suspecte, attaché qu'il était aux jansénistes en renom à Rouen, que des érudits de nos jours ont cru que la Très-Sainte-Trinité était le titre primitif de Blosville. Rien dans le passé, avant 1728, n'autorise cette opinion. A quel mobile Pierre Longer a-t-il obéi en se permettant ce changement ? Nous n'avons pas à le rechercher. Ce fait isolé et personnel ne peut prévaloir contre une possession authentique de cinq siècles au moins. Ses prédécesseurs immédiats, M. Pillement, curé de 1670 à 1718 ; M. Paul Lallemand, de 1620 à 1670, signent constamment, dans les registres de catholicité, « curé de Notre-Dame de Blosville, dite Bonsecours. » Tous les documents antérieurs, jusqu'à l'acte de 1261, donnent à Blosville le titre de la sainte Vierge. Après Pierre Longer, on trouve sur les bannières de Bonsecours l'image de la très sainte Trinité d'un côté, et de l'autre celle de la sainte Vierge, et sur les jetons de la confrérie l'empreinte de la sainte Trinité d'un côté, et de l'autre celle de la sainte Vierge. On célèbre aussi, depuis ce curé, la fête de la très sainte Trinité avec la solennité d'une fête patronale ; mais cet usage ne remonte pas au delà du prêtre qui l'a institué. Avant lui, nous le répétons, il n'y a nulle trace dans l'histoire du titre de la

Ancienne ÉGLISE DE BONSECOURS. Vue intérieure.

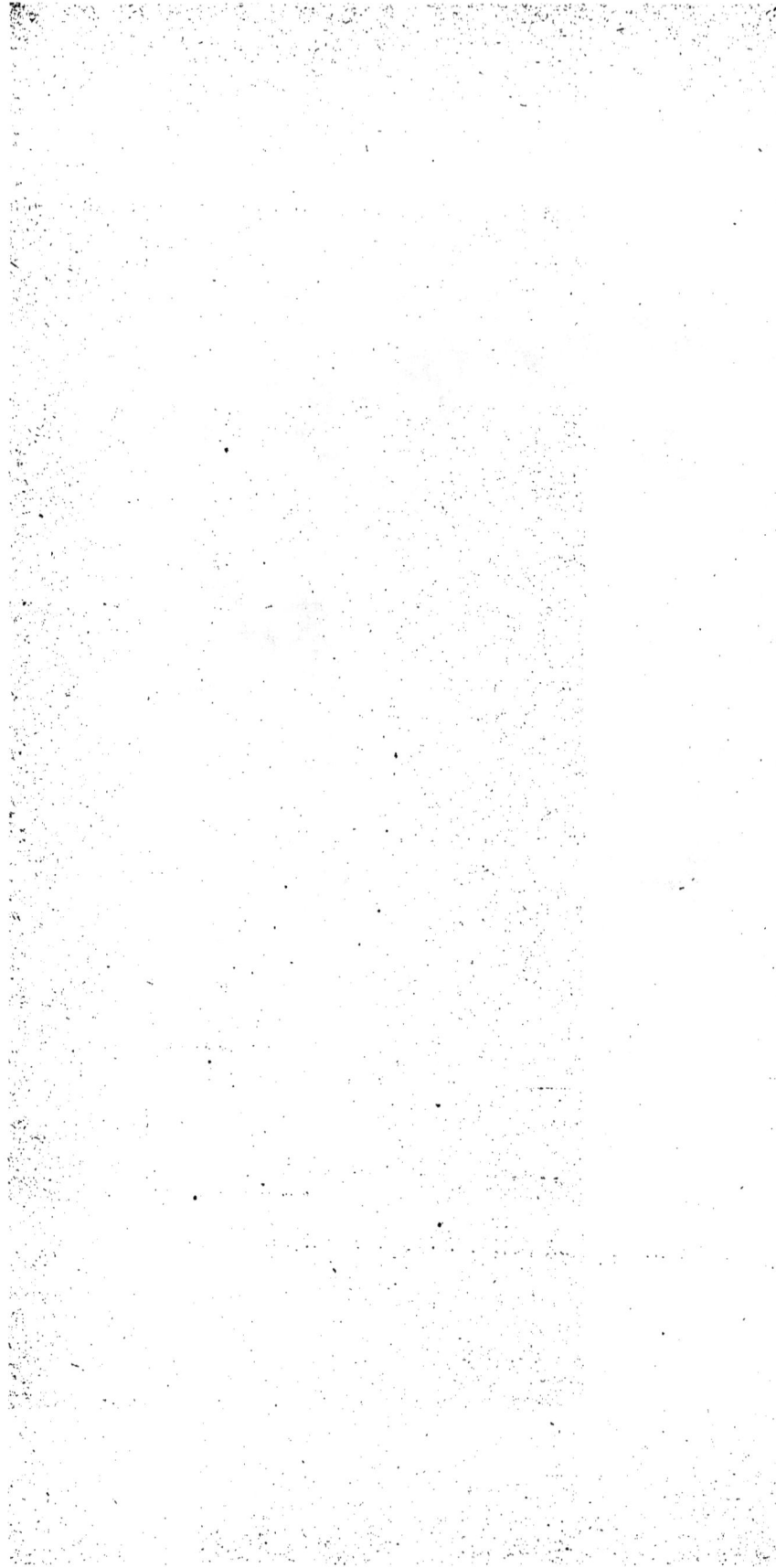

très sainte Trinité donné à l'église de Notre-Dame de Blosville, dite Bonsecours.

La sainte Vierge était invoquée à Blosville sous le nom de
Notre-Dame de Bonsecours.

Nous voyons en effet que le nom de Bonsecours est bientôt
joint à celui de Blosville; ce doux nom, si cher à la piété
normande, finira même par prévaloir.

Des documents, conservés dans les archives départementales, ne laissent aucun doute sur ce point, et montrent l'er-
reur de ceux qui rapportent au XVIIe siècle l'usage du titre de
Bonsecours. Citons, entre autres, le legs fait à Notre-Dame
de Bonsecours, à Blosville, par Jean Gaultier, chapelain de
la cathédrale en 1522 (fonds du chapitre). Dans une pièce
du fonds de Saint-Lô, datée de 1568, on lit : « Notre-Dame
de Blosville, dit Bonsecours. »

Dans les actes du tabellionage de Rouen on lit, à la date
du 11 mars 1560 : *Bidault, curé de Notre-Dame de Blosville,*
*autrement dit Bonsecours;* à la date du 10 septembre 1575,
*paroisse de Bonsecours,* au hameau d'Eauplet. Le nom de
Bonsecours est ici substitué simplement à celui de Blosville.

Valdory, dans son récit bien connu du siège de Rouen,
en 1591, appelle toujours l'église de Blosville *Notre-Dame*
*de Bonsecours.*

De telles substitions de noms, surtout dans le passé si
scrupuleux à cet égard, ne s'expliquent que par un long
usage, une grande notoriété, une coutume enracinée et née
d'une dévotion vraiment populaire. L'église de Notre-Dame
de Bonsecours était déjà si chère aux fidèles, que le grand
cardinal d'Estouteville intéressa tout le diocèse à sa restauration. Elle avait été spoliée et ruinée à la suite des incur-
sions des Bourguignons aux environs de Rouen. Charles le
Téméraire, duc de Bourgogne, en guerre avec Louis XI,

s'était jeté, en 1473, dans la Normandie et était venu camper, le 30 août, sous les murs de Rouen. Plusieurs de ses compagnies étaient cantonnées auprès de Bonsecours et avaient promené leurs ravages dans la contrée. La pauvre église de la sainte Vierge n'avait pas été épargnée. Le cardinal d'Estouteville accorda, par une lettre pastorale du 2 juillet 1479, quarante jours d'indulgence à tous ceux qui contribueraient à la reconstruction et à la restauration de l'église. La paroisse était alors très pauvre et très modeste.

Dans une enquête faite par le doyen de Périers (Blosville dépendait de ce doyenné), au sujet de Louis Viard, présenté par les religieux de Saint-Lô, patrons de la paroisse, en remplacement du curé, Mathurin Lefebvre, décédé, nous voyons que la paroisse ne comptait alors que douze feux, et que le bénéfice ne valait que dix livres.

Cette pénurie de paroissiens tenait sans doute au malheur des temps; car, deux siècles auparavant, le nombre des familles s'élevait à trente.

D'ailleurs ce n'était pas pour pourvoir aux besoins d'une population un peu notable, qu'on avait élevé sur le mont Thuringe une église. La sainte Vierge y avait manifesté sa miséricordieuse intervention, et la foi des peuples lui avait édifié un sanctuaire.

# CHAPITRE II

A chapelle, élevée à Blosville, devenue sans doute insuffisante, fut remplacée au XIIIᵉ siècle par une église paroissiale, qui subit, comme la plupart de nos églises, des modifications profondes au XVᵉ et au XVIᵉ siècle. Les dessins qui nous restent de cette église, et que M. Fraipont, avec son merveilleux talent, a si admirablement reproduits dans cette publication, montrent clairement les parties ajoutées au XVIᵉ siècle, notamment le portail principal et le clocher.

Extérieurement cette église, remaniée plusieurs fois et à la hâte, n'avait aucune valeur archéologique. Toutefois le portail, de la fin du XVᵉ siècle, n'était pas sans mérite; il était assez riche en sculptures et offrait un spécimen gracieux de la dernière période ogivale. Le clocher avait son originalité, comme on le peut voir par les dessins reproduits dans ce volume. A l'intérieur, les trois petites nefs, soutenues par trois colonnes rondes sans ornements, rappelaient la pauvreté de nos vieilles églises rurales. En 1838, les voûtes étaient crevassées, les murailles lézardées.

Des coffres servant de sièges, adossés à la muraille sud, recevaient dans leurs flancs vermoulus les restes des innombrables cierges que la dévotion des fidèles faisait brûler devant l'image de la sainte Vierge. Partout de menus objets de piété : statuettes, images, bouquets apportés chaque jour par les pèlerins et entassés sans ordre. L'église était à tout le monde, mais personne ne songeait à l'embellir et à la soigner.

Le seul trésor qu'elle conservât et qui ait échappé à la destruction est l'image miraculeuse de Notre-Dame de Bonsecours; elle est en bois, et attribuée par les archéologues au XVIe siècle. Cette vénérable image, devant laquelle se sont agenouillées tant de générations et qui a été l'objet d'un culte quatre fois séculaire, est vraiment douce à contempler. La Vierge et l'enfant Jésus ont le visage souriant; ils ouvrent leurs bras miséricordieux, et semblent inviter les fidèles à la confiance. Que de fois, en les contemplant, les âmes souffrantes ont senti renaître en elles l'espérance et la paix!

La chère image, échappée à la Révolution, a retrouvé dans une intelligente restauration, lors de son couronnement par le pape Pie IX, une grâce et une beauté nouvelles. On en parlera comme il convient, dans la partie descriptive; mais nous aimions à la saluer ici, dans l'ancienne église dont elle faisait le plus précieux ornement.

Nul n'ignore parmi les catholiques que tout l'honneur que nous rendons aux saintes images se rapporte aux prototypes qu'elles représentent, et nous avons présentes à la mémoire ces paroles du concile de Trente, qui défend expressément « d'y croire aucune divinité ou vertu pour laquelle on les doive révérer, de leur demander aucune grâce et d'y attacher sa confiance [1] ». Mais comme les images

[1] Conc. Trid. sess. XXV.

nous rendent présents ceux dont elles reproduisent les traits et excitent en nous les sentiments les plus saints, elles sont justement dignes de respect. Qui pourrait le méconnaître? Elles nous aident à mieux prier la sainte Vierge ou les saints, qu'elles rappellent à nos yeux, et favorisent ainsi notre dévotion.

Il y a plus : quand ces images sont rendues vénérables par la longue suite des manifestations de la grâce dont elles ont été l'occasion, elles empruntent quelque chose de la sainteté d'une si noble mission.

Par là s'expliquent l'estime et l'affection des peuples pour elles, et la place que leur accorde la sainte liturgie.

Notre statue de Notre-Dame de Bonsecours a reçu tous les hommages, et le plus grand de tous, celui du couronnement. Écoutons, à ce sujet, la doctrine d'un prince de l'Église, aussi profond théologien qu'orateur accompli.

« Parce que la grâce, dans ses rapports avec l'homme, s'accommode à la double nature de l'homme, revêtant les conditions de temps et de lieu par lesquelles elle peut se rendre palpable et visible, la puissante intercession de la Mère de Dieu a coutume d'éclater de préférence dans certains sanctuaires, au pied de certains autels, où il lui plaît de se manifester davantage... Or, quand un de ces sanctuaires, quand une de ces images antiques de la Mère de Dieu ont reçu le culte, les vœux, les offrandes d'une longue suite de générations; quand la voix publique leur attribue des bienfaits, des prodiges, des miracles de miséricordieuse protection, le Siège apostolique, auquel il appartient de connaître et de signaler les phénomènes de la grâce, se plaît à joindre ses hommages à ceux des fidèles. En signe de sa propre piété, mais aussi comme marque de sanction et comme encouragement à la dévotion publique, le pontife romain, après une information suffisante, daigne sacrer et couronner de ses mains, personnellement ou par délégation, la statue séculaire déjà consacrée, déjà couronnée par la foi et l'amour des peuples[1]. »

Du reste, c'est toujours à la Mère du Christ qu'est offerte cette couronne, puisque le diadème décerné par le chef de l'Église tend surtout à glorifier la fécondité surnaturelle, la seconde maternité par laquelle Marie procure l'achèvement du corps de son divin Fils. Nous célébrerons plus loin cette gloire de Notre-Dame de Bonsecours; nous ne voulons ici que la constater.

La notoriété de l'église de Bonsecours tenait surtout au pèlerinage traditionnel, mais elle provenait aussi de la confrérie de la sainte Vierge, qui y avait été établie dès le XIVe siècle. Elle ne pouvait se composer dans le principe, d'après son règlement, que de soixante hommes et de vingt femmes. Ce nombre était évidemment insuffisant, et bien des fois les confrères avaient demandé l'autorisation d'ouvrir leurs rangs à tous ceux qui réclamaient cette faveur.

Les statuts de la confrérie ayant été approuvés en 1546 par le cardinal Georges II d'Amboise, il fallait une nouvelle intervention de l'autorité diocésaine pour les modifier.

Cette approbation fut donnée, le 26 septembre 1659, par M. Gaulde, vicaire général, ainsi qu'il appert par le document suivant :

« Antoine Gaulde, prêtre, docteur de la maison et société de Sorbonne, chantre et chanoine en l'église de Notre-Dame de Rouen, et vicaire général de Monseigneur l'illustrissime et religiosissime Archevêque de Rouen, primat de Normandie, sur la requeste à nous présentée par les maistres, confrères et sœurs de la confrairie et association de Notre-Dame de Bonsecours, fondée en l'église paroissiale de

---

[1] *Œuvres du cardinal Pie*, t. V, p. 285-286.

Blosseville-lès-Rouen de ce diocèse, narrative que par les anciens statuts de leur confrairie, en date du sixième moy mil cinq cent quarante-six, confirmés par Monseigneur, le vingt-neuvième septembre mil six cent cinquante-six, le nombre desdits confrères et sœurs est réglé au nombre de quatre-vingts : savoir soixante hommes et vingt femmes, et d'autant que, lors de la concession desdits statuts, la dévotion envers la sainte Vierge, particulièrement de Notre-Dame de Bonsecours, n'estoit pas si grande qu'elle est à présent, ils nous supplient de leur permettre de recevoir à l'advenir les personnes de bonne vie et mœurs qui auraient dévotion de se rendre à ladite confrairie et association de Notre-Dame de Bonsecours, en plus, aultre que le nombre porté par lesdits anciens statuts; veue par nous ladite requeste signée par des maistres et confrères de la confrairie de Notre-Dame de Bonsecours, les anciens statuts d'icelle du sixième moy mil cinq cent quarante-six, le règlement fait par Monseigneur, le vingt-neuvième septembre mil six cent cinquante-six. Et le tout veu et considéré, faisant droit sur les fins et conclusions de la susdite requeste, de l'autorité de Monseigneur, nous avons permis et permettons par ces présentes, au chapelain de ladite confrairie de Notre-Dame de Bonsecours, d'admettre et recevoir en icelle confrairie, en plus, oultre le nombre porté par les susdits anciens statuts, toutes personnes qui se présenteront et auront dévotion de se rendre en ladite confrairie, pourvu que ce soient gens de bonne vie et mœurs et d'honneste conversation...

« Faict et donné à Rouen, au palais archiépiscopal, le vingt-sixième jour de septembre mil six cent cinquante-neuf.

« GAULDE, vicaire général.

« MORANGE, secrétaire. »

Les fidèles de Rouen aimaient à se rendre sur cette sainte montagne. L'histoire nous a conservé le souvenir de quelques-uns des grands pèlerinages qui s'y accomplirent. Ainsi, les calvinistes ayant dévasté et pillé, le 10 juillet 1552, l'église de Bonsecours, le cardinal Charles de Bourbon, archevêque de Rouen, ordonna une procession générale, à laquelle assistèrent plus de cinquante mille personnes, au témoignage de Farin. Les princes de l'Église qui ont illustré le siège de Rouen ont toujours eu Bonsecours en prédilection. Son histoire est remplie des bienfaits des d'Estouteville, des d'Amboise, des Bourbon, des de Croy, des Blanquart de Bailleul, des de Bonnechose, pour ne parler que des morts.

Les paroisses de Rouen donnaient quelquefois à leur pèlerinage à Bonsecours l'éclat d'une procession publique. Nous en trouvons la preuve au xvie siècle, dans les comptes de Saint-Maclou. La mention qu'on va lire établit que, le mardi de la Pentecôte 1554, les paroissiens de Saint-Maclou avaient engagé et payé les clercs de l'église pour chanter pendant leur procession au sanctuaire de Marie.

« Il est payé aux clercs de ladicte paroisse, par le commandement d'aulcuns paroissiens, pour ce qu'ils avaient chanté durant la procession, le mardy de la Penthecoste, à Bonsecours : 4 sous [1]. »

Au xviie siècle, le culte de la sainte Vierge était en tel honneur, qu'on ne désigne plus la paroisse de *Blosville que sous le nom de Notre-Dame de Bonsecours.*

Notre poète latin, Hercule Grisel, auquel on doit l'histoire intime de Rouen au xviie siècle, n'a eu garde d'oublier la dévotion des peuples à la Vierge de Bonsecours, et lui a consacré dans son mois de mars les deux vers suivants :

[1] Comptes de Saint-Maclou, aux archives départementales.

Si potes hoc superare jugum quod vergit ad Austros,
Exstructa bonæ Virgo videtur opis [1].

Le poëte a voulu désigner ainsi la Vierge de Bonsecours,
ne pouvant faire entrer dans ses vers le titre de :

Auxilium christianorum,

Le continuateur de Farin ne l'appelle pas autrement.

« Vers l'an 1680, dit-il, un très riche marchand de Rouen,
nommé Legendre, fit bâtir une fort belle maison de campagne sur la paroisse Saint-Paul, tout proche et au-dessous des deux chemins qui se partagent : l'un pour aller
à Notre-Dame de Bonsecours, et l'autre qui conduit au port
Saint-Ouen. »

Dans l'*Histoire de la ville de Rouen,* de Farin, l'église
paroissiale de Blosville est dite : « Notre-Dame de Bonsecours. »

D'anciennes inscriptions, que l'auteur rapporte, montrent
la dévotion des peuples à la sainte Vierge de Bonsecours.
Au bas d'un tableau où la sainte Vierge est représentée,
était écrit :

Beaulent, connaissant le soucy
Qu'embrasse la Vierge Marie
Pour celui qui la prie,
A fait mettre ce banc icy.

Au bas d'une ancienne verrière de la nef :

Prie ton fils, Vierge bénigne,
Que nous allons tous exhortant,
Que bientôt sa bonté divine
Éclaircisse ce mourne temps.

[1] *Fasti Rothomag.* Mars, v. 196.

Sur l'épitaphe du curé Lallemand :

> Vous donc, ô sacrée Marie,
> Qu'il a dévotement servie
> Jusques à la fin de ses jours,
> Prêtez-lui votre bon secours.

« La confrairie des sergents, dit Farin, a été instituée en la chapelle Notre-Dame de Bonsecours, où l'on voit encore l'image de saint Louis ; mais, depuis le dernier siège de Rouen, elle a été transmise à Saint-Ouen. »

La description géographique de la haute Normandie de dom Toussaint-Duplessis (t. II, p. 444) nous donne à l'article Blosville la confirmation de tout ce que nous avons dit précédemment :

« Le peuple *ne donne plus à ce lieu d'autre nom que celui de Bonsecours,* c'est-à-dire : *Notre-Dame de Bonsecours.* »

Dans une lettre très savante, publiée en juin 1779 dans les *Annonces et Affiches de la Normandie,* un de nos écrivains déclarait posséder sur Bonsecours, connu alors « par les pèlerinages qui s'y font journellement et les dévotions innombrables dont il est le théâtre », un manuscrit en vers latins, qu'il appelait un « poème vraiment historique et précieux », dont il cite quelques vers. Malheureusement il ne nous dit pas l'âge de ce manuscrit, ni le nom de son auteur, et il paraît avoir emporté dans la tombe son secret. « S'il fallait entrer, dit notre écrivain, dans tous les détails sur l'âge du manuscrit, sur l'auteur et les anecdotes étrangères au sujet principal, ce serait une discussion qui intéresserait fort peu ceux à qui l'on doit chercher à être ici de quelque utilité. » En quoi notre écrivain se méprenait grandement. Mais les quelques vers qu'il cite suffisent à notre édification, et méritent d'être conservés.

L'auteur s'écrie, en s'adressant à la Vierge de Bonsecours : « De là, de ces hauteurs, tu protèges de tes bras maternels

Ancienne ÉGLISE DE BONSECOURS, côté nord, vers 1835, d'après Polyclès Langlois.

la ville de Rouen; de là, tu appelles à toi tous les enfants qui la remplissent; car tous ceux qui ont invoqué ta protection, ô Marie, ont toujours reçu ton secours assuré, et tu ne veux pas qu'ils s'éloignent le cœur triste de ton sanctuaire. »

> Rothomagum hinc urbem maternis protegis ulnis;
>   Hinc ad te cives, quos habet illa, vocas.
> Nempe tui certam hic sensere, Maria, clientes
>   Semper opem, et tristes a te abiisse vetas.

C'est le cri de nos pères, c'est la foi des aïeux, c'est l'universel témoignage.

L'auteur analyse le poème dont nous aimons à citer les passages suivants.

Le poète décrit d'abord le pèlerinage.

Après la route faite souvent pieds nus, avec des prières, des larmes, des marques de pénitence, le chapelet à la main[1], on arrive au sanctuaire.

> Virginis en tandem incipit apparere sacellum.

La foule y est grande, pressée, si grande, si pressée, qu'on ne peut entrer dans l'église trop étroite.

> Sed longa intrandi copia emenda mora erat.

---

[1]
> Fletibus o quoties maduit, quotiesve cruore
>   Nuda pedes, quando hanc TURBA tenebat, erat.
> Vidi ego conscedisse senes juga montis anhelos,
>   Pectora collecta tundere sæpe manu.
> Vidi ego molliculas saxa ipsa ambire puellas,
>   Pro choreis faceret quia sua planta satis.
> Vidi ego complures, ad terram lumine fixo,
>   *Rosarii tritos deproperare globos.*
> Si quis ad ascensum dubius imparque veniret,
>   Purus, ita attingens culmina, factus erat.

L'auteur décrit ces flots de fidèles poussés et repoussés à la porte de l'église.

> Ecce at adorantum totis vomit ædibus undam
> Porta bifrons, crebro sub pede terra latet.
> Pars cruce signat adhuc frontem, pectusque humerosque;
> Pars librans in pera condit hiante librum.

Mais, malgré les embarras inséparables d'une telle affluence, les pèlerins recueillent bientôt les fruits de leur démarche; la piété les anime, et ils retournent du sanctuaire pleins de consolation et de joie.

> Virtutem spirant omnes, sanctamque reportant
> Lætitiam...

Puis vient la description d'un pèlerinage de jeunes gens du séminaire de Joyeuse, qui se rendaient chaque année au célèbre sanctuaire, le mardi dans l'octave du saint Sacrement.

Des paroisses du diocèse venaient aussi à époque fixe en pèlerinage. Nous citerons, comme preuve, le document suivant, conservé dans les archives.

Il s'agit du procès-verbal de visite du doyen de Périers à Saint-Aubin-la-Rivière (Saint-Aubin-Épinay) :

« Contes sont rendus. Et sur ce qui nous a été représenté par le Sr curé qu'il avait trouvé *un ancien usage* de faire deux processions : une le jour de l'Ascension, en l'église de Bonsecours, distante de lieue et demie, ce qui l'obligeait de dire sa messe solennelle dès huit heures du matin; l'autre, le lundy, feste de la Pentecoste, en la chapelle de Saint-Adrien, distante de deux lieues, où il célébrait la messe, ce qui était cause que plusieurs de ses paroissiens n'entendaient la messe ledit jour de l'Ascension et lundy de la Pentecôste, nous avons ordonné que lesdites deux processions, qui ne sont que de dévotion, seront remises en des jours auxquels il n'y aura point d'obligation d'entendre la messe; ou, qu'en cas qu'elles se fassent encore dans lesdits jours de l'Ascension et lundy de la Pentecoste, il sera pourvu d'un prestre pour dire la messe et l'office à l'heure ordinaire et réglée par les statuts de ce diocèse. »

Ce document est daté du 14 octobre 1709.

Les pèlerinages se multiplièrent au XVIII⁰ siècle, et tous les auteurs sont d'accord sur la célébrité dont jouissait alors notre sanctuaire, demeuré cependant tout humble et tout modeste dans sa parure intérieure. L'heure n'était pas venue encore d'élever à Marie une église digne d'elle. Cet honneur était réservé à notre temps.

L'inventaire du mobilier de la paroisse « de Blosseville, dite Bonsecours », dressé le 30 septembre 1790, par le maire et les officiers municipaux, nous fait connaître mieux que toutes les descriptions l'état de la chapelle du pèlerinage, à la fin du siècle dernier.

Nous ne faisons que reproduire l'acte municipal. De tels documents veulent être connus dans leur teneur :

« De là passé dans la chapelle de la sainte Vierge, trouvé un marchepied en bois de chesne, l'autel couvert d'un tapis de toile et d'un gradin auquel sont adaptés six petits chandeliers de bois dorés, un tabernacle dito, au-dessus une croix tout en cuivre, *avec une image de la sainte Vierge tenant l'enfant Jésus,* l'un et l'autre enrichis de trois cœurs, dont un doré sur argent, et les deux autres avec la représentation d'une langue et d'une oreille tout en argent, à chaque côté deux quadres en forme de crochet, avec leurs verres et bordures dorées, le contretable en menuiserie unie et peinte, en architecture, aux deux côtés de laquelle sont suspendues deux branches de fer; le pied du sanctuaire de ladite chapelle garni d'une grille de fer à deux portes ouvrantes et à hauteur d'appui; tout le paroi du côté de l'évangile lambrissé en bois de chesne peint et doré.

« Dans l'allée collatérale de la chapelle de la sainte Vierge, trouvé un lustre de fonte, à six branches, déclaré appartenir à des associés de frairie de la ville; plus, depuis le pied du sanctuaire jusqu'à la porte d'entrée de ladite allée, un lambris régnant tout le long du mur avec deux petites armoires de chaque côté, et un banc de bois de chesne, un grand chandelier avec son pied et contour tout en fer, ladite porte d'entrée à deux battants, guichet avec une autre porte de toile, garnie de toute sa grosse ferrure et fermeture; ensuite une grande armoire dans laquelle *une châsse de bois, avec une image de la Vierge, de bois peint et doré;* un confessionnal en chesne et autre genre de bois; une autre armoire de bois peint, dans laquelle sont renfermés les effets et ornements appartenant à Messieurs associés de frairie de la ville, ainsi qu'il nous a été déclaré.

« Dans tout le pourtour de ladite église, le nombre de soixante représentations de vœux, tant en tableaux que quadres, de bois peint et doré, plusieurs avec leurs verres tant grands que petits... Dans un refend de planche fermant à clef (dans le clocher), où est le dépôt ordinaire de l'argenterie ci-devant inventoriée, on a trouvé une Vierge de bois doré avec son pied de bois de chêne enrichi de médaillons attachés en argent et la couronne d'argent doré avec une plus petite... Parmi les papiers deux autres (registres) regardant ceux et celles de la confrairie,... le plus ancien desdits registres portant en tête l'année 1603 au mois de mars, et ainsi inclusivement jusqu'à celle courante. Dans un petit coffre fermant à clef, nous avons trouvé dans un petit sac de toile cinquante-six jettons ou petits médaillons en argent *portant l'empreinte de la Vierge d'un côté, et sur le revers* celui de la Trinité... 19e liasse contenante vingt-quatre pièces et concernantes les statuts de ladite frairie, en date du 7 octobre 1607, diverses procédures au regard de son administration et un contrat de constitution au profit d'icelle par Jacques Bessin, trésorier et maître d'icelle... »

Dans l'inventaire de l'argenterie, nous trouvons « une baleine avec l'image de la Vierge y adaptée et ses attaches en argent; *une figure de la sainte Vierge tenant l'enfant Jésus entre ses bras*, l'une et l'autre avec leurs couronnes d'argent doré, et le pied de bois d'ébène enrichi de médaillons et attaches en argent. »

A côté de cette sèche nomenclature, qui rappelle le mobilier de l'ancienne église, nous aimons à placer une description vivante et un épisode historique où éclate la foi de nos pères. Nous devons les pages que nous avons voulu insérer ici à M. Floquet, l'un des érudits les plus sûrs et les plus éminents de notre Normandie. L'illustre auteur de l'*Histoire du parlement de Normandie* et des *Études sur Bossuet*, mérite d'être entendu sur Bonsecours. Le fait qu'il rapporte est rigoureusement historique, et les adieux qu'il adresse à la vieille église sont comme l'expression des sentiments du passé. Témoin de la transition entre l'église ancienne et la nouvelle, il est à entendre sur cette époque déjà si loin de nous.

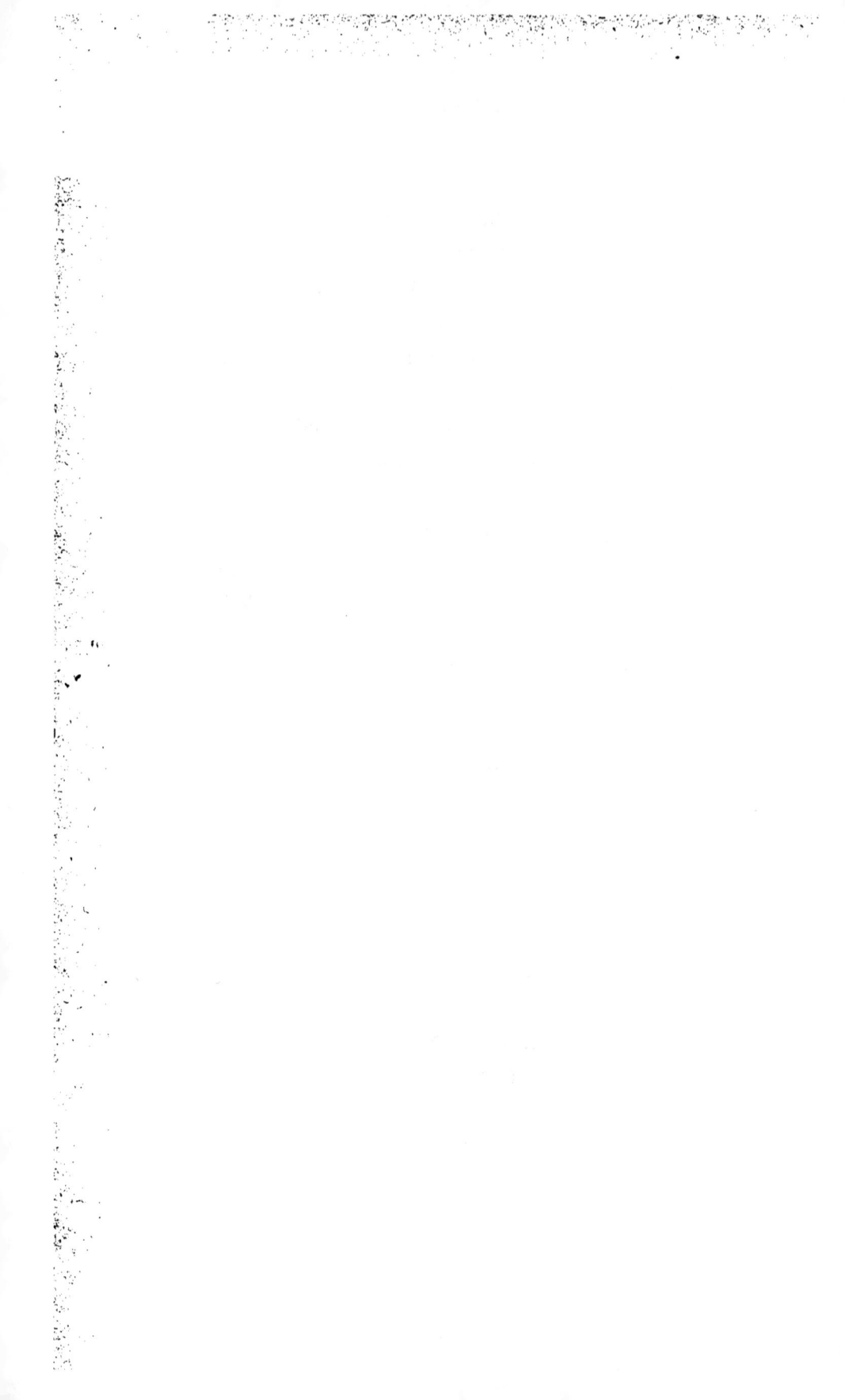

# CHAPITRE III

PEU de distance de Rouen, dit M. Floquet, au sommet d'une des montagnes qui dominent cette grande ville, du côté du levant, les anciens avaient bâti une petite église où, depuis des siècles, nos pères sont venus prier; où Corneille, prompt à s'humilier après chacun de ses chefs-d'œuvre, allait rendre à l'*Esprit créateur* la gloire qu'il reconnaissait hautement ne tenir que de lui. Là, et de notre cité pleine de foi, et de toute la province, au loin, affluaient chaque jour des malheureux qui s'y étaient traînés pour demander; des heureux qui y étaient accourus pour rendre grâces; des matelots échappés au naufrage; des infirmes guéris; un estropié, à qui Dieu avait dit : *Marche;* des mères, dont le nouveau-né, dont la fille chérie, avaient failli mourir; des mères encore, auxquelles des fils prodigues étaient revenus de bien loin; et tous, à l'envi, prosternés dans la modeste église, s'y épanchaient en ferventes prières, dont il fallait que beaucoup se fussent bien trouvés; car, au nom de *Blosseville,* porté durant des siècles par ce village, avait avec le temps succédé celui de Bonsecours, qui devait prévaloir à la longue, tant il convenait désormais à un lieu où Dieu, invoqué par l'homme, lui était si souvent et si manifestement venu en aide!

Aussi, en quelque endroit du vieux temple qu'on jetât les yeux, partout apparaissaient, ou suspendus aux voûtes, ou fixés sur les murailles, des ex-voto, les uns peints, les autres en relief, témoignages de gratitude, touchants mémoriaux de bienfaits reçus: des petits navires, tout semblables, croyait-on, à ceux où des marins en danger avaient failli périr; des jambes, des bras de cire, images telles quelles, des membres malades auxquels avaient été rendus la vie, l'agilité, la vigueur; des lits, d'où se levaient, faibles et amaigris, mais sauvés, un père, une sœur qu'on avait pensé perdre. Imitations imparfaites, grossières ébauches, mais sincères et naïves actions de grâces, dont Dieu assurément ne tenait pas moins de compte que des plus insignes chefs-d'œuvre de l'art.

Cette église, debout encore aujourd'hui après tant de siècles, mais vieille, décrépite, tombant de vétusté, et qui ne sera plus tout à l'heure, combien elle a vu de générations agenouillées sous ses voûtes qui s'affaissent! combien de cœurs s'y sont épanchés! que de secrets vont périr avec elle! que de grâces elle vit octroyer, de faits merveilleux s'accomplir! Si les hommes pouvaient en douter, ses pierres, oui, ses pierres en rendraient témoignage avant de se disjoindre et de tomber en poussière. Or de tant d'histoires, innombrables comme les étoiles du ciel, il me tardait de vous en redire une, que m'ont racontée les vieillards.

A Rouen donc, en 1772, sur la paroisse de Saint-Laurent, vivait, révérée et chère à tous, une noble femme, âgée de quatre-vingt-six ans, l'honneur d'un sexe, l'admiration de l'autre, haute et puissante dame **Marie-Suzanne Robert,**

Ancienne EGLISE DE BONSECOURS, Chevet, vers 1840, d'après J. Lefebvre.

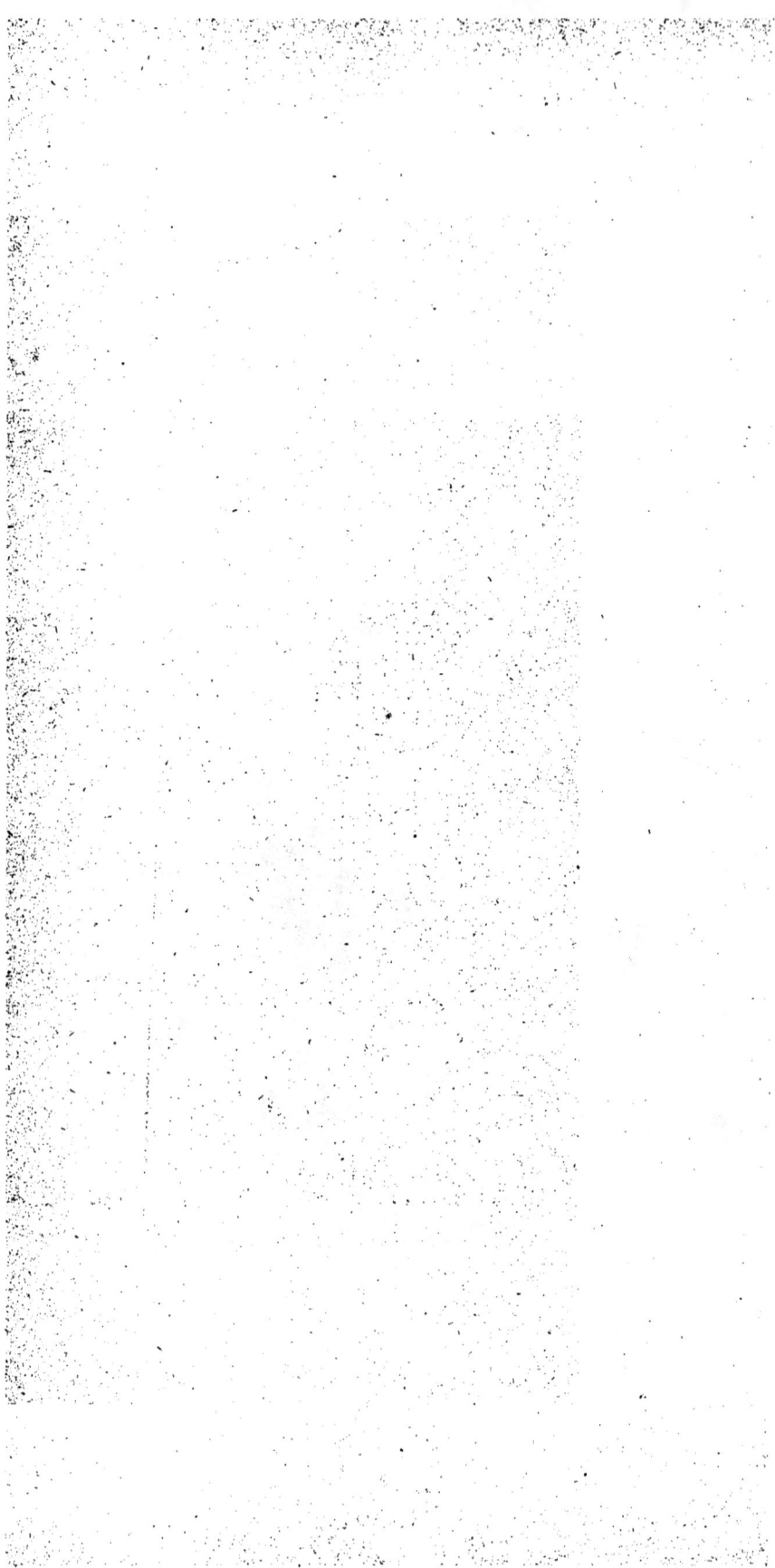

veuve de messire Henri Duquesne de Brothonne, qui
naguère, comme ses aïeux, avait siégé au parlement de
Normandie avec honneur; une femme, de ces femmes
douées d'un naturel exquis, fécondé par une éducation chrétienne, sérieuse et forte, mais dont aussi la vieillesse floris-
sante n'était qu'esprit, bonté, sagesse, support, conseil;
charité qui secourt sans humilier, lumière qui éclaire sans
blesser jamais. Environnée de fils, de petits-fils, des enfants
de ses petits-enfants, tous meilleurs par elle, tous tendres
et empressés autour d'elle, la digne femme s'avançait heureuse au milieu des hommages d'une grande ville, qui lui
portait amour et respect, et qui, la voyant si ferme en un
si grand âge, souriait à l'espoir de la posséder longtemps
encore, lorsqu'un matin retentit tout à coup dans Rouen
la nouvelle du crime le plus horrible et le plus inattendu
qu'on y eût vu de mémoire d'homme. Nul d'abord ne le
voulait croire, et une multitude éperdue, envahissant l'hôtel
de Brothonne, quand elle vit *la bonne dame,* comme on
l'appelait, sanglante, mutilée sur son lit de mort, se prit à
crier, à pleurer *la mère des pauvres.* Car les pauvres, venus
là en foule, l'appelaient tous ainsi à l'envi, trahissant, dans
leur détresse, dans leur désespoir, l'impénétrable secret de
la défunte. Puis, dans la haute tour de Saint-Laurent, le
glas faisant entendre ses sons lents et plaintifs, eurent lieu
en grande pompe les tristes funérailles, où toute la ville en
foule s'était portée, où, avec les trois générations de Brothonne, pleurait cette autre et immense famille de la morte,
que son inépuisable charité lui avait donnée.

Mais chez tous l'indignation s'exhalait avec la douleur :
« Quel monstre, se demandait-on, a pu abréger une vie si
chère et envier à une vieillesse si avancée le peu de jours
qui devait lui rester encore? » Deux hommes, deux femmes,
attachés au service de Mᵐᵉ de Brothonne, la pleuraient, se

lamentaient à l'envi de sa famille, et il fallait que ces quatre serviteurs eussent bon renom dans la ville, pour qu'une telle perturbation, en un si violent déchaînement de tant d'esprits émus, de tant de cœurs remplis d'horreur et de colère, aucune voix ne se fût élevée contre eux. Le moyen, au reste, d'imputer la mort d'une telle femme à qui avait vécu près d'elle, à qui avait pu la connaître, à qui seulement avait pu la voir? Après donc que ces quatre serviteurs avaient été si longtemps heureux par leur bonne maîtresse, sa mémoire les protégeait encore, aujourd'hui qu'elle était dans la tombe. Qui cependant pouvait avoir consommé un attentat si noir? C'était le cri de toute cette grande ville, le cri de la justice indignée, qui, laissant là aussitôt tout autre soin pour poursuivre le coupable, déployait une activité, une énergie d'investigation qu'on ne lui avait vues jamais, veillait, cherchait, s'enquérait, interrogeait incessamment, s'évertuant tout le jour, et ne se reposant point la nuit, sans toutefois pouvoir obtenir le plus faible indice!

C'était au temps du *conseil supérieur,* qui, succédant avec défaveur à l'antique et regretté parlement de Normandie, qu'avait anéanti Maupeou, aurait voulu, par quelque action signalée, se concilier les sympathies que tous lui déniaient à l'envi, et, par l'éclatant déploiement d'une juste rigueur, contraindre enfin au sérieux et au respect un monde passionné, méprisant et railleur, auquel depuis un an il avait servi chaque jour de jouet et de risée.

La justice donc veillait, interrogeait, épiait autour d'elle, promenant avidement çà et là ses pénétrants et soupçonneux regards. Au bailliage, au palais, dans la ville, on n'entendait plus que sa voix formidable; elle retentissait jusque dans les églises; dans toutes, du haut de la chaire, par la bouche du prêtre, elle conviait à la révélation, sous des peines redoutables, tout mortel pouvant avoir quelque notion, si légère qu'elle fût, sur un crime que tous détestaient, dont il tardait de connaître enfin l'exécrable auteur. Et, à cette voix menaçante de la justice et de l'Église, à ces appels qui avaient retenti au loin avec éclat, avec empire, ne répondait toujours qu'un universel et profond silence; après que soixante-dix jours durant on se fût épuisé en inquiètes et inutiles recherches, la justice, éperdue et frémissante, s'exaspérant à la fin, prête à soupçonner tout le monde aujourd'hui et à tout croire, en revint à ces quatre serviteurs si longtemps épargnés, et arrêta sur eux ses sinistres et inexorables regards : qui pourrait en être surpris? Le crime, d'ailleurs, mieux su maintenant dans ses détails, décelait de vieilles habitudes dans l'hôtel de Brothonne, la parfaite connaissance des êtres, et trahissait, en un mot, des hommes qui avaient ou habité, ou fréquenté souvent les lieux, théâtre de cette sanglante et lamentable tragédie!

Donc, Jacques et Nicolas Poyer, Marie Surval, Anne Mausire, cessez ces pleurs et ces cris, auxquels on ne croira plus désormais! La justice, en défiance de vous, vous appelle à sa barre; on vous attend demain, tous quatre, à la Tournelle; et déjà tous quatre vous êtes perdus, autant vaut dire. Car voyez : tous maintenant vous soupçonnent; beaucoup vous accusent, et dans tout ce monde s'élève-t-il une voix, une seule pour vous défendre? Hélas! il n'était que trop vrai. L'opinion à la fin ayant tourné, on maudissait maintenant ces quatre malheureux épargnés d'abord, et en vain cherchaient-ils angoisseusement autour d'eux qui les daignât croire encore et leur voulût venir en aide.

A droite, à gauche, de toutes parts ce n'étaient que murmures accusateurs, que regards irrités ou défiants, qui se détournaient tristement à leur aspect; plus de sympathies, plus de confiance, plus de pitié même; la patience humaine était à bout. Car n'était-ce pas, disait-on, avoir trop différé

l'expiation d'un si grand crime? Maintenant il fallait sévir;
le monde attendait, le Conseil supérieur avait hâte, et malheur à qui serait accusé seulement! Le soupçon ne venait
que de poindre, et déjà le bourreau faisait ses apprêts.

Cependant, en un si désespérant abandon du monde,
dans ce décri universel, du fond de cet abîme de douleur
et de détresse, les quatre malheureux éplorés s'étaient tout
à coup souvenus de Dieu; et, en ce jour qui leur était laissé
encore; en ce jour, le dernier de leur liberté, de leur vie
peut-être, sans plus s'épuiser maintenant en protestations
que le monde n'écoutait pas, invoquant le seul témoin dont
les souvenirs soient certains, le seul juge à qui il soit donné
de ne se tromper jamais : « Éclaircissez, ô mon Dieu!
criaient-ils, éclaircissez cet horrible mystère, révélez les
secrets de cette chambre mortuaire et de cette nuit funeste!
Mon Dieu, vous étiez là; dites donc, par grâce, oh! dites si
vous nous y avez vus! » C'était le 8 décembre, jour consacré
spécialement à Marie, solennité chère depuis des siècles
à notre Normandie, au point qu'on l'appelait la fête *aux
Normands,* et que, dans les *Palinods,* à Rouen, à Caen, à
Dieppe, toujours avaient eu lieu, ce jour-là, en grande
pompe, des jeux poétiques, où, en présence d'une multitude
pieuse et lettrée, accourue en hâte de toutes parts, des vers
étaient récités et couronnés en l'honneur de la fête, au bruit
des acclamations et des fanfares. Mais qu'est-ce que tout
cela auprès de la foi des simples, de la foi des humbles, de
la foi des malheureux, invoquant avec ferveur et espoir celle
que, dans des prières apprises dès l'enfance, ils appelèrent
toujours la *Consolatrice de l'homme en peine!* Nos quatre
affligés donc, y recourant dans cet abandon du monde, en
ce jour dédié à Marie, Notre-Dame de Bonsecours les vit
tous quatre dans son vieux temple, prosternés, pleurant,
criant vers Dieu du fond de l'abîme. Ils y étaient allés nu-

pieds, à jeun, en pleurs, et ainsi en devaient-ils revenir,
surveillés au reste et gardés de près par des cavaliers de
la maréchaussée, qui les avaient suivis au départ, et qu'à
leur retour ils voyaient les épier avec plus de rigueur
encore, tant d'instant en instant le nuage devenait épais et
noir sur leurs têtes, tant était prêt à éclater l'orage, tant
enfin leur perte était imminente, inévitable désormais!
Arrivés au bas de la montagne, près de l'église Saint-Paul,
de grands cris se faisant entendre tout à coup, puis une
multitude bruyante se hâtant au-devant d'eux, en poussant
mille cris confus, et ne restant plus à ces quatre infortunés
que d'appeler à leur secours ce peu de force qu'en haut la
prière leur avait donnée, déjà ils récitaient ces autres prières
suprêmes et désespérées, à l'usage des chrétiens qui vont
mourir. Mais, ô merveille! ce peuple, ces cris dont ils se
sont fait peur, c'est le signal de leur inespérée délivrance :
l'assassin est enfin découvert, c'est Louis Gohé; il a confessé
son crime; il explique tout, et reconnaît n'avoir pas eu de
complices. Louis Gohé! A ce nom, les quatre malheureux,
si inopinément arrachés à l'échafaud, et que seule semblait
pouvoir toucher en ce moment une transition si miraculeuse de la mort à la vie; à ce nom, trop connu d'eux, vous
les eussiez vus tomber anéantis de surprise et d'horreur.
Louis Gohé! lui, l'assassin de cette vieille dame qui en tout
temps s'y était fiée, et en tout temps l'avait comblé de
bonté; lui, toujours bien venu chez elle; lui, de la maison
presque autant qu'eux-mêmes; lui d'ailleurs, pourvu, grâce
encore à sa malheureuse victime, d'une profession qui lui
permettait de vivre à l'aise! D'abord ils refusaient de le
croire. Comment toutefois résister à des preuves plus écla-
tantes que le soleil? Qu'on imagine surtout l'horreur des
juges, en apprenant de Gohé lui-même que longtemps il
avait nourri en son cœur un dessein si noir; que déjà, cinq

mois auparavant, entrant de nuit dans la chambre de sa
bienfaitrice pour prendre son or, mais voyant les clefs sous
le chevet de la vieille femme endormie, et ne les pouvant
avoir qu'en la faisant mourir, il s'était enfui plein d'horreur.
Mais, quelque temps après, dans l'ivresse, dans l'étourdis-
sement d'une vie désordonnée, perdu de dettes et à bout
d'expédients, cette même chambre l'avait revu, la nuit
encore, mais aguerri cette fois, résolu, impitoyable, atroce,
frappant, mutilant, égorgeant sa bienfaitrice, se saisissant
des clefs, se ruant sur cet or objet de ses effrénés désirs;
puis, le crime consommé, mettant le feu dans la cour à un
amas de bois entassé sous la chambre, voyant naître un
incendie prêt, comme il le crut, à anéantir toute trace de
son exécrable action, mais qui presque aussitôt allait
s'éteindre de lui-même, le monstre avait fui, emportant de
l'or, des pierreries, des flambeaux d'argent surtout, qui
devaient le trahir; car aujourd'hui même, les voulant vendre
à un orfèvre, qui tout d'abord y aperçut le *lion de sable
sur champ d'azur* des Duquesne de Brothonne; à ce signe
accusateur, avait aussitôt été reconnu, saisi, interrogé, jugé
le coupable, qui, éperdu, confesse tout le crime. A la tor-
ture, il en allait confesser bien d'autres encore; et, en l'en-
tendant déclarer, dans *son testament de mort,* quels vols
nombreux et notables il avait dès longtemps commis, sans
avoir été soupçonné un seul instant, on peut comprendre
alors combien âpres, insatiables et tyranniques sont toujours
les passions mauvaises, combien infatigables à creuser sans
cesse un abîme sans fond, que rien ne saurait combler
jamais, et qui jamais ne dira: C'est assez! Au reste, l'assassin lui-même le devait bien apprendre, du haut de l'échafaud, au peuple accouru de toutes parts pour le regarder
mourir, et que ces paroles suprêmes émurent plus encore
que la vue du gril, de la barre de fer, de la roue, du bûcher

et du bourreau qui attendait. Mais laissons là le *Vieux-Marché* et ses horreurs. Un monde plus poli s'est porté en foule aux Carmes, où, dans la séance solennelle des *Palinods*, vont être célébrées les merveilles de Marie. Comme chacun s'y parle avec attendrissement de ces quatre pauvres innocents qui ont recouru à Dieu, et que Dieu a sauvés! Comme on y accueille avec transports des vers, faits tout à l'heure, où est célébré ce nouveau bienfait de la Vierge sainte, qui, implorée en ce jour où l'Église, où le monde l'honorent, s'est voulu signaler par un nouveau, par un si éclatant bienfait! C'était alors, dans Rouen, la foi de tous, et plus que jamais, dans les temps qui suivirent, on devait voir les habitants de la grande ville cheminer, pleins d'espoir, vers l'église *de Notre-Dame de Bonsecours.*

Elle va disparaître bientôt cette vieille église; encore quelques jours, et il n'en restera plus pierre sur pierre.

Mais déjà près d'elle, et sur elle, s'en élève une autre, qui ne permettra point de regrets. Au lieu que chez les Hébreux, du temps d'Esdras, à l'aspect du second temple, construit sur l'emplacement du premier, les vieillards, en se rappelant l'ancien si magnifique et voyant le nouveau si inférieur de tous points, secouaient tristement la tête et se prenaient à pleurer; les nôtres, au contraire, devront tressaillir de joie à l'aspect de la basilique nouvelle, qu'une foi ardente et un art merveilleux élèvent à la place des vieilles et informes constructions qui dans peu vont disparaître à nos yeux. Car qu'était le premier temple auprès de ce que sera le nouveau, et de ce que déjà il nous est donné d'en connaître? Ce zèle dévorant, par qui autrefois David et Salomon bâtirent une demeure à l'Éternel; ce zèle animant de nos jours quelques hommes pleins de foi, d'intelligence et de cœur, a réveillé, dans ce pays et au loin, les sympathies des croyants, celles des amis des arts, celles du peuple, des magistrats, des citoyens de tous les ordres.

Trop longtemps enseveli, comme étouffé sous de froides cendres, le feu sacré, se ravivant tout à coup, a brûlé inopinément à nos yeux charmés. La foi de saint Louis, se réveillant au milieu du XIXe siècle, élève à Notre-Dame de Bonsecours une basilique telle que le saint roi les aimait, telle que de son temps on les sut faire. Chaque instant la voit grandir, s'étendre, s'avancer, couvrir l'ancienne, qui peu à peu disparaît et se retire, comme l'astre de la nuit s'éclipse au matin devant l'astre plus éclatant du jour. Qui ne prendrait plaisir à voir surgir de terre ces blanches murailles, s'élever ces élégants piliers, se projeter ces contreforts, se courber ces arcs-boutants, s'arrondir cette voûte qu'une tour hardie doit couronner bientôt, se coordonner ces galeries superposées qui forment à la basilique une double et riche ceinture, s'élancer ces aiguilles gracieuses et légères, ces hautes fenêtres du rond-point, où resplendiront dans peu l'or, l'écarlate et l'azur. Oui, c'est bien là le XIIIe siècle, le siècle de saint Louis, celui de la foi vive et des belles églises; on s'y sent transporté, on y est en effet, on respire l'air et les croyances de ce temps-là.

Donc n'ont péri, en France, ni la foi ni l'art qu'elle inspire: l'art merveilleux de bâtir, pour Dieu, des temples à l'aspect desquels s'accroisse la religion des peuples, et d'où les cœurs émus s'élancent vers Dieu, à la voix de l'artiste et du prêtre; j'en prends à témoin la nouvelle église. Aussi, me plaisant à y porter mes pas, à la regarder grandir, à épier les sentiments divers qu'inspire cette heureuse, cette inopinée création à ceux qui viennent la contempler avec moi, dirai-je comment m'y trouvant l'hiver dernier, un jour de fête, un incident y survint qu'assurément je n'oublierai jamais. Visitant l'abside et le sanctuaire de la basilique

Ancienne ÉGLISE DE BONSECOURS, d'après J. Lefebvre, côté nord, vers 1840.

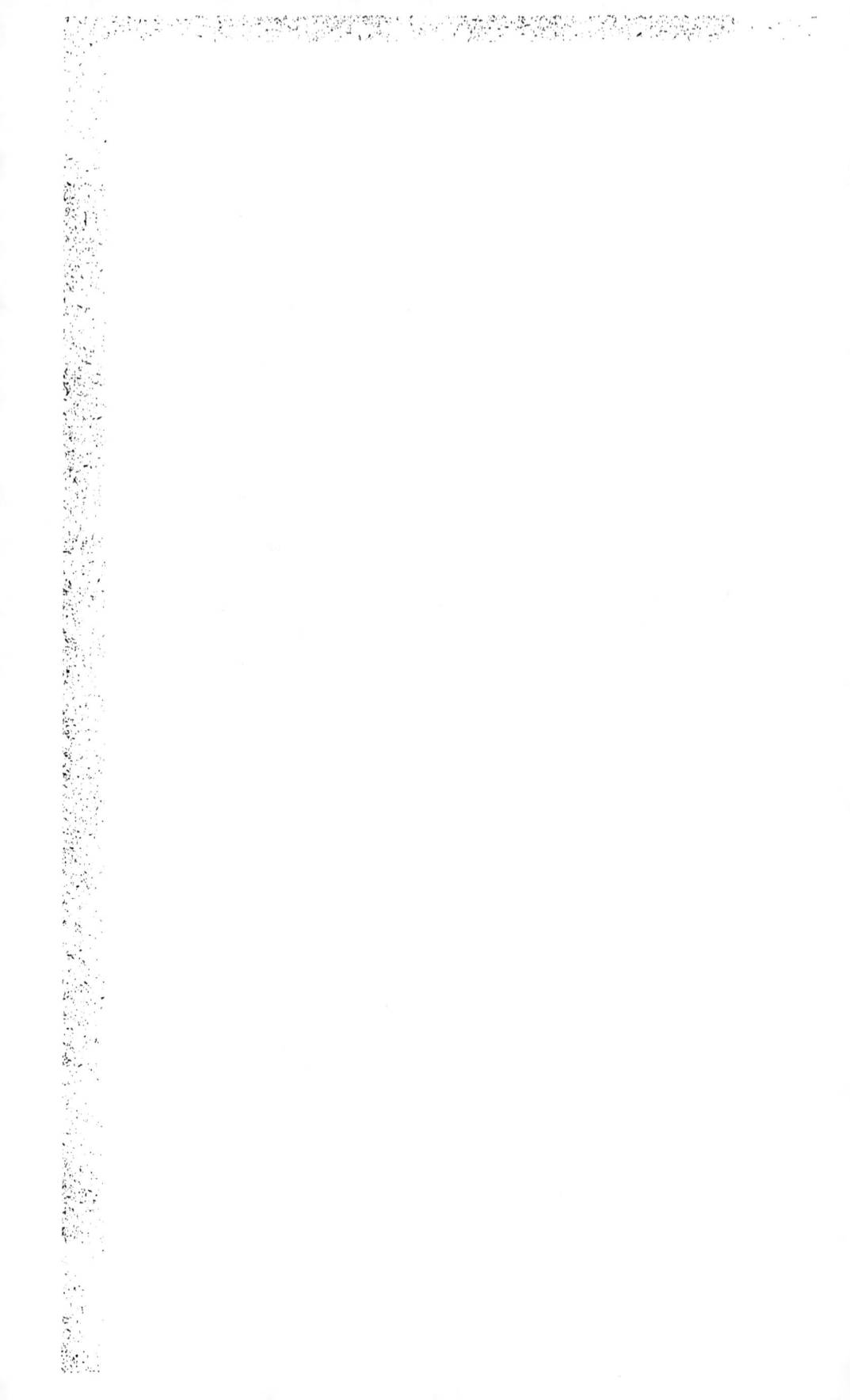

future, comme l'on chantait les psaumes de David dans
l'ancienne église, ainsi placé entre le vieux temple qui va
cesser d'être et le nouveau qui n'est pas encore, j'éprouvais
une sensation solennelle, profonde, indéfinissable, qu'en
vain l'on tenterait de peindre, mais qu'avait aperçue un
vieillard qui, vivement ému lui-même à l'aspect de ces
lieux, se prit, de discours en discours, à me raconter des
choses que j'écoutais avidement : cette mort si lamentable
de M^me de Brothonne, la découverte tardive et si inespérée de
l'assassin, l'innocence des quatre serviteurs si inopinément
manifestée. Le vieillard s'était trouvé conduit à me redire
toutes ces choses, mais avec une vivacité, une chaleur, avec
des détails circonstanciés et intimes, qui me semblaient lui
supposer quelque intérêt secret dans cette tragique histoire,
et, comme je n'avais pu me défendre de le lui dire, ému alors
plus qu'auparavant : « Rappelez-vous, me dit-il, ces quatre
malheureux, que nous voyions tout à l'heure arrachés à
l'échafaud par miracle, car c'était bien par miracle ! Tous
quatre ainsi sauvés, au retour d'un si triste mais si heureux
pèlerinage, avaient fait un vœu de venir ici tous les ans,
et leurs enfants après eux, rendre grâces à Dieu, à chaque
anniversaire du jour qui les vit passer si soudainement de
la mort à la vie.

« Cela arriva il y a soixante-dix ans ; maintenant tous
quatre sont dès longtemps descendus dans la tombe ; de leurs
enfants seul je demeure. C'est aujourd'hui le 8 décembre,
fête de la Conception de Marie ; je suis venu ici de loin
acquitter un vœu sacré. Mes enfants y viendront après moi.
Quelle joie ce me serait, avant de mourir, de voir consacrer
cette basilique, dont j'ai vu avec attendrissement poser la
première pierre, et qui chaque jour croît et s'élance comme
le lis des champs ! Puisse une foi aussi vive que celle de
nos pères obtenir dans la nouvelle église de non moindres

grâces que celles qui lui furent prodiguées dans le vieux temple, dont les restes qui vont disparaître me rappellent, vous le voyez, de si touchants, de si intimes et de si chers souvenirs ! »

# CHAPITRE IV

## L'ÉGLISE ACTUELLE

A Révolution fit son œuvre de ruine et de dévastation à Bonsecours comme partout; l'église fut fermée, mais les pèlerinages individuels ne cessèrent presque pas, l'amour étant plus fort que la mort. Le concours des fidèles à la sainte montagne reprit, à la restauration du culte, avec un empressement et une ferveur sans cesse grandissants. L'immortel pontife Pie VII avait renouvelé et confirmé, en 1823, à la demande de M. le curé de Bonsecours, M. Fleulard, confesseur de la foi[1], les indulgences précédemment accordées par le pape Clément XIV. L'église devenait de plus en plus insuffisante pour contenir les pèlerins qui s'y réunissaient parfois au nombre de plusieurs mille; elle tombait d'ailleurs de vétusté, et, comme l'écrivait M. l'abbé Godefroy, de sainte mémoire, lorsqu'il fut chargé, en 1838, de cette paroisse, il trouva le sanctuaire vénéré couvert de témoignages de la reconnais-

---

[1] Ce digne prêtre, curé de Bonsecours avant la Révolution, préféra l'exil au serment schismatique et s'exila à Munster avec M⁣gr le cardinal de la Rochefoucauld; il fut réintégré dans sa paroisse au Concordat et y mourut en 1838.

sance des pèlerins; mais l'édifice était en si mauvais état, qu'il dut renoncer à la pensée de le restaurer.

Il conçut alors le projet de construire le gracieux et superbe monument que nous admirons aujourd'hui. On sait comment, à force de zèle, de dévouement, d'héroïques efforts, il acheva cette grande œuvre. Il y intéressa le diocèse, la Normandie, et, on peut le dire, la France entière. La construction de ce sanctuaire fut une merveille de la la charité; et si cette histoire était un jour écrite dans tous ses détails, elle formerait une des plus étonnantes légendes de l'apostolat. On l'a dit avec vérité : « Tout ce que la France a de plus auguste et de plus noble se plut à accueillir cette œuvre naissante. Des têtes couronnées envoyèrent leur offrande; des prélats, des pairs de France, des députés, des généraux inscrivirent leurs noms sur un livre de souscriptions qui, précieusement conservé dans les archives de la miraculeuse église, sera un monument authentique de la charité et de la foi à notre époque; car, si le riche bienfaisant y a tracé sa ligne, le pauvre aussi a été heureux d'y consigner sa modeste aumône, de sorte qu'on peut dire avec consolation que, depuis le palais jusqu'à la chaumière, toutes les portes ont été ouvertes à cette œuvre. »

La première pierre de l'église fut posée et bénite, le 4 mai 1840, par Mgr le prince de Croy.

Rappelons tout d'abord cette cérémonie, dont nous empruntons le compte rendu à l'*Ami de la Religion* (n° 3280, 14 mai 1840). Ce souvenir est instructif à plus d'un titre :

« Le lundi 4 mai, Mgr le cardinal prince de Croy, archevêque de Rouen, a procédé à la bénédiction et à la pose de la première pierre d'une église neuve pour la paroisse de Blosville-Bonsecours, près Rouen. L'église actuelle est depuis longtemps le lieu d'un pèlerinage célèbre. Dieu s'est plu d'y manifester la puissance de sa sainte Mère par les

Ancienne ÉGLISE DE BONSECOURS. La façade, d'après Polyclès Langlois.

nombreux bienfaits qu'elle obtient à ceux qui implorent son assistance, comme l'attestent les innombrables inscriptions qui tapissent la totalité des murailles, à l'intérieur de la nef[1]. Cette église est trop petite pour contenir la foule des pieux pèlerins qui la visitent.

« Le nouveau curé, M. Godefroy, ayant senti le besoin de l'agrandir, s'est adressé à un architecte distingué de Rouen, M. Barthélemy, qui à une étude approfondie de son art joint la science de l'art gothique. Le plan a été dressé d'après les bons modèles de ce style et a reçu l'approbation des connaisseurs. Ce sera un beau monument élevé à la gloire de Marie... Voilà l'église dont la première pierre a été posée à Bonsecours.

« Vers trois heures de l'après-midi, Mgr le cardinal, revêtu de ses habits pontificaux, est sorti de la maison des vieux prêtres, précédé d'une grande partie des curés et du clergé de Rouen et de ses environs, de son chapitre et de ses vicaires généraux, accompagnés de M. le préfet, M. Dupont-Delporte; de M. le lieutenant général Teste, commandant la division militaire; de M. le général Gérard, de M. le colonel du 35e régiment de ligne et d'un grand nombre de personnes notables. La garde nationale maintenait l'ordre. La musique du 35e de ligne, qui avait accompagné son brave colonel, marchait en tête du cortège et a fait entendre divers airs pendant la durée de la cérémonie. Des élèves du petit séminaire du Mont-aux-Malades ont aussi exécuté plusieurs pièces de musique (de chant). Une affluence considérable d'habitants de Bonsecours et des communes circonvoisines donnait l'aspect d'une véritable fête à cette pieuse cérémonie, pendant laquelle le plus grand ordre n'a cessé de régner. »

[1] Il s'agit ici de l'ancienne église.

La première pierre posée par Mᵍʳ le prince de Croy porte l'inscription suivante :

INTER MAGNATUM CŒTUS, INTER CLERICORUM CATERVAS,
POPULORUM CONCURSUS, PSALLENTIUMQUE CHOROS,
BENIGNE ASSISTENTIBUS HONORABILI SEQUANÆ INFERIORIS PRÆFECTO,
ALIISQUE, TAM URBIS ROTHOMAGENSIS QUAM HUJUSCE PAROCHIÆ,
MAGISTRATIBUS PRÆCIPUIS,
CELSISSIMUS ET EMINENTISSIMUS D. D. GUSTAVUS MAXIMILIANUS
JUSTUS, CARDINALIS PRINCEPS A CROŸ,
ARCHIEPISCOPUS ROTHOMAGENSIS, NORMANNIÆ PRIMAS,
PRIMARIUM HUNC LAPIDEM,
SUB PATROCINIO BEATÆ VIRGINIS MARIÆ AUXILIATRICIS,
POSUIT ET BENEDIXIT, DIE IV MENSIS MAII,
ANNO DOMINI MVCCCXL.

L'excellent préfet qui administra notre département pendant les dix-huit ans du règne de Louis-Philippe, le baron Dupont-Delporte, avait donné la verrière de droite du sanctuaire ; M. Henri Barbet, pair de France, maire de Rouen, la première fenêtre du bas-côté sud ; M. Victor Grandin, député de l'arrondissement de Rouen, la troisième fenêtre.

L'église de Bonsecours s'éleva rapidement. On sait qu'on la construisit en conservant l'ancienne église, enfermée dans les murs de la nouvelle. C'est sans doute pour cela que l'église actuelle n'avait jamais été bénite. M. le curé, d'ailleurs, avait eu dès le premier jour le projet de la faire consacrer solennellement. La première grand'messe fut célébrée le 15 août 1842, dans le chœur à peu près achevé, par un vénérable prêtre âgé de quatre-vingt-dix ans, M. l'abbé Charles Vallée, chanoine honoraire, confesseur de la foi pendant la Revolution ; et ce fut lui aussi qui adressa la première instruction dans la nouvelle enceinte.

L'édifice fut achevé dans ses parties principales en quatre ans. La brillante décoration intérieure, pleine de goût, de

richesse, de symbolisme, dont chaque détail demanderait
une étude spéciale, a été poursuivie jusqu'à nos jours.
Chaque année on a vu le trésor artistique de ce sanctuaire
s'enrichir de quelques joyaux nouveaux. La source des dons
n'a pas été tarie par la mort du grand bâtisseur, et son digne
successeur, M. Milliard, a pu continuer son œuvre. L'intervention de la sainte Vierge est manifeste dans l'histoire
matérielle comme dans l'histoire spirituelle de Bonsecours.

Cette dernière est au-dessus de toute parole humaine.
Comment retracer les merveilles accomplies, les guérisons
obtenues, les conversions commencées, les grâces de toute
nature répandues dans ce lieu de bénédictions? Chaque
famille de notre ville pourrait écrire quelqu'une des pages
de ces annales de la bonté et de la protection de la sainte
Vierge. Douze cents ex-voto, répandus par toute l'église, forment déjà quelques feuilles de ce livre, qu'aucune plume
ne pourra jamais écrire. Plus de cent mille pèlerins s'age-
nouillent chaque année devant l'antique et vénérable image
de la Mère de Dieu. A Bonsecours, les pèlerinages isolés
sont plus nombreux que les pèlerinages publics; mais ceux-
ci ne font pas défaut. Qui ne se rappelle l'immense mouvement
de dévotion et de confiance qui porta, le 11 juin 1849, la
population de notre ville, conduite par M$^{gr}$ Blanquart de
Bailleul, au sanctuaire de Marie, pendant la terrible épidé-
mie du choléra, laquelle, à dater de ce jour et de cette
solennelle démarche, disparut bientôt entièrement? Aucun
cas nouveau de choléra ne fut constaté à partir du 11 juin,
et les malades atteints précédemment guérirent presque
tous. Les quatorze paroisses de Rouen s'étaient réunies à la
cathédrale, et avaient gravi la sainte montagne en psalmo-
diant, suivies de vingt mille fidèles qui priaient à haute
voix, le chapelet à la main. M$^{gr}$ Blanquart de Bailleul célébra
la messe au maître autel avec la ferveur d'un saint. La foule

était massée devant l'église, remplie par le clergé. Rarement spectacle plus édifiant ne fut donné à contempler. La confiance s'empara des âmes; on était sûr que Marie exaucerait ses enfants; on s'en retourna consolé et rassuré.

Qui ne se souvient des pèlerinages présidés par Mgr le cardinal de Bonnechose, avant et après la guerre? Un jour, quinze cent quarante hommes des cercles catholiques d'ouvriers des divers points de la France ébranlent les voûtes de l'église au chant de leurs cantiques; un autre jour, Amiens y envoie mille de ses enfants. Tantôt c'est Rouen, avec son contingent annuel de quatre à cinq cents hommes; tantôt le diocèse d'Évreux, avec six cents pèlerins et vingt-deux prêtres. On ne compte pas moins de quatre cents messes célébrées annuellement par des prêtres étrangers à l'autel privilégié; des centaines de cierges brûlent tous les jours devant l'image vénérée; douze mille évangiles sont demandés, chaque année, devant le sanctuaire. Le lundi de Pâques, on n'estime pas à moins de cinquante mille le nombre des fidèles qui viennent adresser leurs prières à la Vierge de Bonsecours. Quelle dévotion fut plus jamais populaire! quel suffrage plus universel !

Un jour vint où notre pays voulut attester sa gratitude et sa foi d'une manière éclatante.

Mgr le cardinal de Bonnechose, digne interprète du clergé et du peuple rouennais, avait exprimé, pendant le concile de 1870, au pape Pie IX, le désir de voir le sanctuaire de Notre-Dame de Bonsecours honoré du privilège du couronnement et des indulgences qui y sont attachées. Il mit sous les yeux du saint-père un mémoire où étaient relatés les titres de notre sanctuaire à cet honneur: les longues et édifiantes traditions, les faveurs innombrables du ciel, le concours persévérant des populations. Le saint-siège, avec la maturité qui préside à ses conseils, examina la question, et Pie IX daigna donner satisfaction à la requête de notre éminent archevêque. Ce grand pa̧   , par une attention dont on comprendra la délicatesse, data du 15 juillet 1870, fête de saint Henri, patron du cardinal, le bref donné à Saint-Pierre, sous l'anneau du pêcheur, qui conférait à Notre-Dame de Bonsecours le privilège du couronnement, et au cardinal de Bonnechose la délégation pontificale pour l'accomplir.

Il faut lire le Bref, qui est le plus noble résumé de notre histoire et sa plus haute consécration.

## BREF PONTIFICAL

## PIUS P. P. IX

Ad futuram rei memoriam. Quæ ad majorem beatissimæ Dei Genitricis Virginis Immaculatæ laudem procurandam cultumque promovendum conducere posse videantur, pergratum est nobis, perque jucundum præstare, si quid gratiæ, si quid salutis ab ea novimus redundare, quia sic est voluntas Dei, qui totum nos habere voluit per Mariam. Jam vero supplicatum nobis est a venerabili fratre Rothomagensium Archiepiscopo, ut potestatem ei faciamus cujus vi tanquam delegatus noster, diademate ornare possit ligneam beatæ Mariæ Virginis Auxiliatricis, vulgo de Bonsecours, cum puero Jesu statuam, quæ in sanctuario, apud Rothomagensem civitatem a vetustissimis temporibus maxima fidelium religione ac pietate, et peregrinorum frequentia colitur, et in cujus honorem, studio ac zelo præpositi sanctuarii ejusdem,

ingentique fidelium ære, collato, egregio magisterio elegan-
tique ac diviti ornatu splendidissimum extollitur templum.

Quæ cum ita sint, eidem venerabili fratri facultatem hisce
litteris, apostolica nostra auctoritate facimus, ut die per eum
ipsum designando, indicta solemni supplicatione, memoratam
divini Infantis Jesu et sanctissimæ ejus Parentis Mariæ
Auxiliatricis statuam vel ipse per se, vel per alium Anti-
stitem ad id ab ipso deputandum, nostro nomine corona
augere libere liciteque possit.

Quo vero fideles vel ex hac solemnitate sibi præsidium
parent ad æternam assequendam beatitatem, omnibus et
singulis utriusque sexus christifidelibus, qui ecclesiam B.
M. V. Auxiliatricis vulgo de Bonsecours, quæ apud Rothomagensem civitatem colitur, ejusque statuam, uti habita ante
mentio est, suprascripto coronationis die, vel uno ex septem
diebus continuis immediate subsequentibus ad unius cujus-
que christifidelis libitum sibi diligendo, itemque singulis
annis die ejusdem coronationis anniversario vere pœnitentes
et confessi, ac sacra communione refecti, devote visitaverint,
ibique pro christianorum principum concordia, hæresum
extirpatione ac sanctæ Matris Ecclesiæ exaltatione, pias ad
Deum preces effuderint, plenariam omnium peccatorum
suorum indulgentiam et remissionem, quæ etiam anima-
bus christifidelium, quæ Deo in charitate conjunctæ, ab
hac luce migraverint, per modum suffragii applicari poterit,
misericorditer in Domino concedimus. Nonobstans consti-
tutionibus et sanctitionibus apostolicis cæterisque contrariis
quibuscumque.

Volumus autem ut præsentium litterarum transumptis
seu exemplis, etiam impressis manu alicujus notarii publici
subscriptis, et sigillo viri in ecclesiastica dignitate constituti
munitis eadem prorsus fides adhibeatur, quæ adhibeatur
ipsis præsentibus si forent exhibitæ vel ostensæ.

Datum Romæ, apud sanctum Petrum, sub annulo pisca-
toris, die XV Julii MDCCCLXX, Pontificatus nostri anno
vigesimo quinto.

N. Card. PARACCIANI CLARELLI.

Concordat cum originali.

Rotomagi, die XX Maii MDCCCLXX.

E. DELAHAYE, *Vic. gen.*

## PIE IX, PAPE

Pour en conserver le souvenir. Il Nous est très doux et
très agréable d'accorder tout ce qui peut contribuer à augmenter la gloire et à développer le culte de la bienheureuse
Mère de Dieu, la Vierge immaculée, sachant que d'elle re-
jaillit toute grâce, tout salut, selon le dessein de Dieu, qui
a voulu que nous obtenions tout par Marie. Or il Nous a été
présenté, par notre vénérable Frère l'Archevêque de Rouen,
une demande tendant à obtenir le pouvoir de couronner,
comme Notre délégué, la statue de bois de Notre-Dame
auxiliatrice, dite de Bonsecours, avec l'Enfant Jésus; cette
image, placée dans un sanctuaire proche de la ville de
Rouen, est depuis les temps les plus reculés grandement
vénérée par la piété des fidèles et visitée par de nombreux
pèlerins; en son honneur une église magnifique, richement
et gracieusement ornée, a été élevée par les soins et le zèle
du curé de ce sanctuaire, sous une direction habile et avec
les offrandes abondantes des fidèles.

Ces faits établis, Nous accordons, par les présentes Lettres
et de Notre autorité apostolique, à Notre vénérable Frère,
l'autorisation pleine et entière de couronner en Notre nom,
soit par lui-même, soit par un autre prélat désigné par lui
à cet effet, la statue susdite du divin Enfant Jésus et de

4

Marie auxiliatrice, sa très sainte Mère, en un jour à désigner par lui, et dans une cérémonie solennelle.

Et afin que les fidèles puissent aussi retirer de cette solennité des secours pour obtenir le bonheur éternel, Nous accordons miséricordieusement dans le Seigneur, le jour du couronnement, ou l'un des sept jours suivant immédiatement, au choix de chacun, et chaque année, au jour anniversaire du couronnement, une indulgence et rémission plénière de tous leurs péchés, à tous et à chacun des fidèles de l'un et l'autre sexe qui, vraiment pénitents et confessés, et munis de la sainte communion, visiteront dévotement l'église et la statue sus-mentionnée de la bienheureuse Vierge Marie auxiliatrice, dite de Bonsecours, vénérée près de la ville de Rouen, et là répandront devant Dieu de ferventes prières pour la concorde des princes chrétiens, l'extirpation des hérésies et l'exaltation de l'Église, notre sainte mère. Cette indulgence pourra être appliquée, par manière de suffrage, aux âmes des fidèles qui, unies à Dieu dans la charité, sont sorties de cette vie. Nonobstant les constitutions et les ordonnances apostoliques, et tous autres actes contraires.

Et Nous voulons que les transcriptions et les exemplaires mêmes imprimés de ces présentes Lettres, signés par un notaire public et munis du sceau d'un ecclésiastique constitué en dignité, jouissent de la même créance que ces Lettres elles-mêmes, si elles étaient produites et exhibées.

La cérémonie du couronnement fut remise par les douloureux événements qui se succédèrent en France depuis 1870. Elle fut enfin fixée au 24 mai 1880. Comme elle marque une des dates les plus glorieuses de l'histoire de notre sanctuaire, elle mérite d'être racontée fidèlement, et dans tous ses détails.

# CHAPITRE V

E diocèse de Rouen a ajouté, le 24 mai 1880, une grande page à la glorieuse histoire du culte de la sainte Vierge Marie dans le monde chrétien ; il a acquitté la dette de reconnaissance des siècles passés et des générations présentes envers Notre-Dame de Bonsecours ; il a rendu à Marie un tel hommage d'amour et de vénération, que la parole se sent impuissante à le raconter dignement. Le ciel s'est uni à la terre pour glorifier Marie ; le soleil a animé de sa splendeur toutes les scènes de cette fête, et la piété publique leur a donné un éclat, une dignité, une beauté, qui entourent leur souvenir d'un charme impérissable. Tout a contribué à la solennité et à la douceur de ce grand jour : la présence d'un illustre prince de l'Église, les accents émus et éloquents d'une voix épiscopale bien digne de célébrer le triomphe de Marie ; le concours d'un nombreux et édifiant clergé ; la bienveillante coopération des autorités locales : une foule immense, aussi admirable dans son recueillement que dans sa foi ; la pompe et l'ordre parfait des cérémonies ; les chants les plus suaves, la voix du canon, les plus brillantes décorations, et les manifestations plus touchantes encore de l'allégresse et de la dévotion populaires.

La joie rayonnait sur tous les fronts, la piété remplissait tous les cœurs; et, comme expression symbolique de ces sentiments, des fleurs, des guirlandes, des banderoles, des couronnes partout, aux fenêtres des maisons comme autour de l'église, et, le soir, pour prolonger jusque dans les ténèbres l'éclat de la solennité, des illuminations splendides et des gerbes de feux aux couleurs variées et aux allégories touchantes. Il faut s'arracher à cette impression générale et décrire, autant qu'il se peut pour l'histoire, tous les détails de cette journée mémorable.

# I

La paroisse de Bonsecours s'est signalée par son empressement et sa sollicitude vraiment filiale dans les préparatifs de cette fête. La route est bordée d'oriflammes, les chemins sont sablés, les maisons pavoisées. Neuf arcs de triomphe, élevés par la piété des habitants, attendent la procession. Le premier, aux limites de la paroisse, devant le pensionnat de jeunes filles, est en style ogival du xiiie siècle et d'un goût parfait; il porte ces deux inscriptions : *Virgo virginum, ora pro nobis; adolescentulæ dilexerunt te nimis. — Spes nostra, salve.* Le second est au presbytère, avec cette inscription : *Regina cleri, ora pro nobis.* Le troisième, à l'entrée de la place, du côté des marchands, présente une double face; sur la face regardant le presbytère, on lit : *Ama dici patriæ tutum patrocinium;* sur la face regardant l'estrade : *Magnificat anima mea Dominum.* Le quatrième arc de triomphe conduit au côté sud de l'estrade; il porte cette touchante légende : *Sentiant omnes tuum auxilium,* et cette grande parole du *Magnificat,* si bien choisie pour la solennité qui se prépare : *Et exultavit spiritus meus in Deo salutari meo.* Le cinquième arc se trouve entre la maison des prêtres et la ferme ; on y lit : *Monstra te esse matrem.* Le sixième arc est dans la rue de la Mairie, et les trois autres sur la grande route, avec les invocations suivantes : *La paroisse de Notre-Dame de Bonsecours ; Notre-Dame de Bonsecours, priez pour nous.*

Ces arcs de triomphe sont tous décorés avec richesse et avec art.

L'église, la chère et douce église du pèlerinage, a revêtu la plus brillante parure. A l'extérieur, le grand portail présente, au milieu, sur un fond de velours rouge frangé d'or l'écusson de Pie IX, le grand pape qui a donné le Bref du couronnement ; sur la porte latérale de droite, l'écusson de Léon XIII ; sur la porte latérale de gauche, l'écusson de Mgr le cardinal. De la tour carrée à la rosace pend un grand vélum de velours rouge portant : *Auxilium christianorum, ora pro nobis.* Aux quatre coins de la tour se balancent des oriflammes aux couleurs de la sainte Vierge, et tout le monument est entouré de massifs de feuillages et de fleurs.

A l'intérieur, chaque pilier de la grande nef porte un oriflamme aux couleurs blanche et bleue ; dans le chœur, chaque colonne est ornée d'une bannière. L'entrée du sanctuaire est marquée par quatre grands oriflammes. On remarque dans le sanctuaire un trône pour Son Éminence, et le fauteuil de Mgr de Coutances.

La statue vénérée de Notre-Dame de Bonsecours est là, sur un trône magnifique, qui attend les hommages de ce grand jour. Elle a traversé les siècles, toujours chère à la piété publique, toujours sauvée dans les révolutions ; elle est demeurée dans sa forme naïve, mais elle a été restaurée par un art délicat. Elle porte de riches vêtements : une robe brodée par la famille de Boissieu, un manteau de satin blanc, parsemé d'étoiles d'or d'une splendeur éclatante. Derrière la statue, une banderole en velours bleu, frangée d'argent, porte ces mots : *Veni, coronaberis.*

Le presbytère et la maison diocésaine ont reçu aussi de belles décorations. Les façades sont ornées d'armoiries, de chiffres de la sainte Vierge et des écussons des évêques.

Les couronnes sont déposées au presbytère avant la cérémonie. Elles sont toutes deux en or massif, entièrement semblables, quoique de dimensions différentes ; leur poids est de 2350 grammes. Ce sont de vrais chefs-d'œuvre de joaillerie. Nous décrirons la couronne de la sainte Vierge. La couronne est faite tout entière à la main, avec des filigranes qui rappellent, par leur finesse et la grâce de leur exécution, l'orfèvrerie de la Renaissance. Le bandeau est enrichi d'aigues-marines, d'améthystes et de turquoises fines ; du bandeau s'échappent six gracieux bouquets de lis et six bouquets de marguerites en argent émaillé, qui s'enroulent délicatement autour du diadème. Les arceaux de la couronne, au nombre de six, ornés, comme le bandeau, de filigranes et de pierres précieuses, supportent une boule en émail bleu constellée d'étoiles d'or.

La croix surmontant le tout est enrichie de dix-huit aigues-marines et de vingt-quatre turquoises. Au centre du bandeau brille une belle émeraude, entourée de diamants et de brillants, et de quatre grosses roses fines.

Les diamants et les brillants sont des dons de familles pieuses de notre ville, qu'on est accoutumé de rencontrer dans toutes les œuvres de zèle et de charité. Les couronnes ont été faites sous la direction et aux frais du digne curé de Bonsecours, secondé primitivement par la pieuse générosité d'une noble défunte.

ÉGLISE DE BONSECOURS. Vue générale prise du Calvaire..

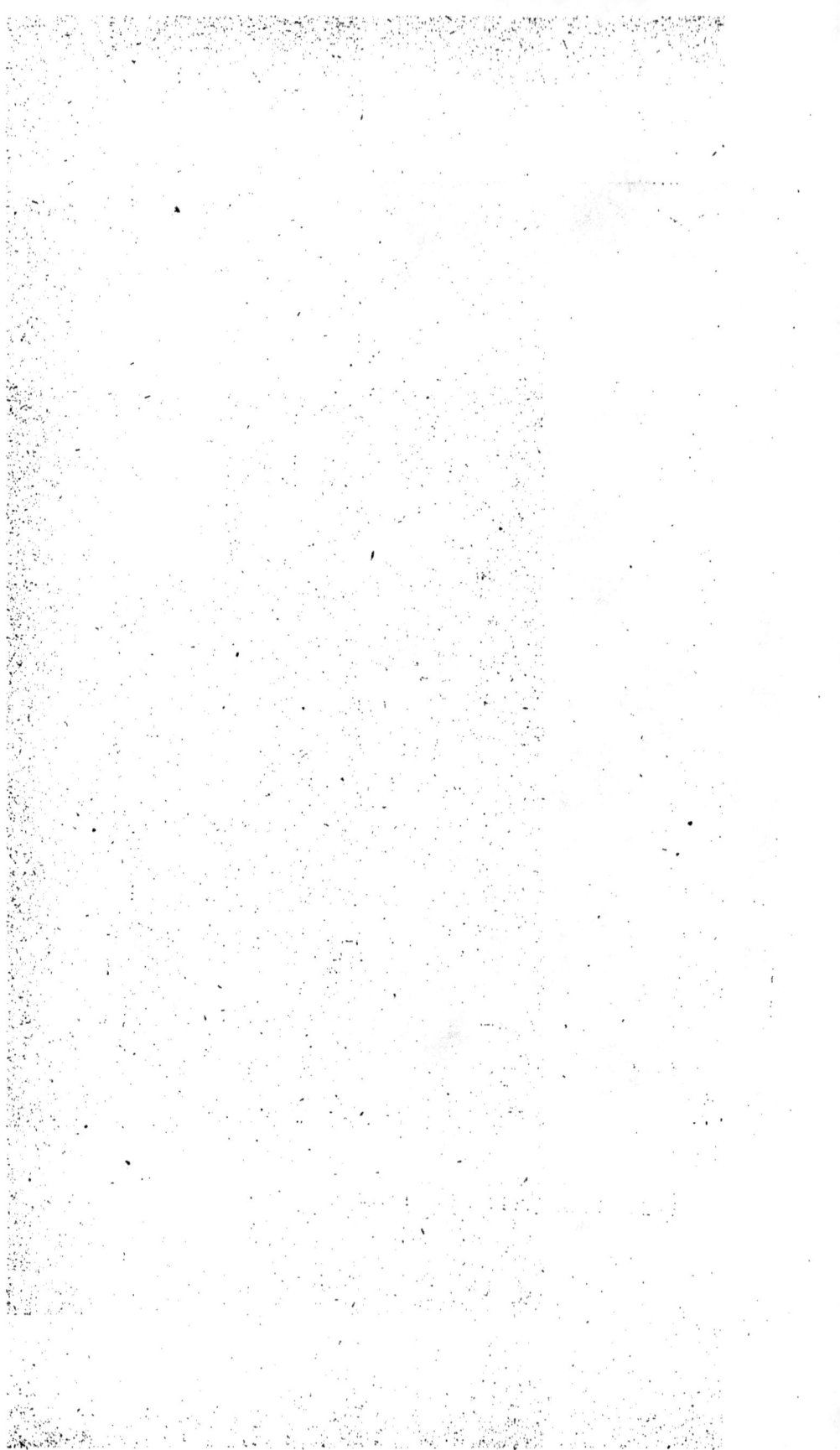

# II

Depuis huit heures du matin, la foule des fidèles arrive de tous côtés à Bonsecours. Les cloches qui sonnent à toute volée, le canon qui envoie ses joyeuses détonations, annoncent que la cérémonie est proche.

Son Éminence et M<sup>gr</sup> de Coutances viennent de descendre au presbytère ; le clergé est réuni dans l'église. À huit heures trois quarts, il sort processionnellement pour aller prendre les prélats au presbytère. Le pieux cortège est ainsi formé : les suisses, la bannière de la paroisse, la croix et les acolytes, la maîtrise de la métropole, les élèves du grand séminaire, les prêtres en habits de chœur, les chanoines honoraires et titulaires, qui précèdent M<sup>gr</sup> Germain et S. Ém. M<sup>gr</sup> le cardinal, suivi des autorités.

À la porte de l'église, M. le curé de Bonsecours, en chape, rend les honneurs à Son Éminence et à M<sup>gr</sup> de Coutances ; puis le chœur entonne le répons *Ecce sacerdos magnus ;* et, pendant que Son Éminence et M<sup>gr</sup> de Coutances sont agenouillés au pied de l'autel, on procède aux prières de la réception. On chante ensuite l'antienne *Sancta Maria.* M<sup>gr</sup> le cardinal récite l'oraison.

M. le curé prononce alors d'une voix émue l'allocution suivante :

« ÉMINENCE,

« Ils sont nombreux et touchants, les témoignages de foi et de dévotion déposés, depuis des siècles, dans ce lieu béni, et nous pouvons les considérer comme autant de couronnes que le peuple chrétien est venu, d'âge en âge, offrir à la Reine du ciel.

« Ce sanctuaire lui-même, Monseigneur, qu'est-ce autre chose qu'une splendide couronne taillée dans la pierre, parée de toutes les magnificences de l'art, et consacrée par un prêtre de cœur et de foi à la Vierge, qui avait choisi ce lieu pour y être honorée sous le vocable si doux et si populaire de Notre-Dame de Bonsecours!

« Mais qu'elle est plus belle encore, la couronne que votre auguste main va placer sur la tête de la sainte Image! Nous pouvons bien l'appeler, avec le prophète, une couronne de gloire : *corona gloriæ,* car elle complète toutes les gloires passées et réunit toutes les gloires présentes.

« Celui qui a autorisé ce couronnement, c'est un pape immortel dans les fastes de l'histoire, en attendant qu'il le soit dans le martyrologe de l'Église : *corona gloriæ.*

« Celui qui doit exécuter ce décret pontifical, c'est un prélat sur la tête duquel sont accumulées toutes les illustrations : la dignité épiscopale et métropolitaine, la pourpre cardinalice, la couronne de la sagesse et de la vertu, la couronne des mérites aux yeux de l'Église et de la patrie : *corona gloriæ.*

« Pourquoi n'ajouterions-nous pas que la voix destinée à célébrer ces splendeurs est celle d'un prince de l'Église et d'un prince de la parole, heureux d'ajouter un fleuron de plus à la couronne royale de Marie, heureux de répondre à l'invitation de son auguste consécrateur, dont il orne lui-même la couronne primatiale : *corona gloriæ.*

« C'est encore à un autre titre une couronne de gloire ; car cette cérémonie met le sceau à la célébrité de cet antique pèlerinage, elle en proclame la notoriété, elle en constate les côtés merveilleux et surnaturels. Par elle, le passé de ce sanctuaire est glorifié, et son avenir déroule à nos yeux des perspectives assurées de perpétuité.

« C'est aussi une couronne d'allégresse, dirons-nous encore avec le Prophète : *sertum exultationis.* Quelle joie a éclaté au sein de cette paroisse! quels accents de jubilation ont retenti dans ce diocèse! et que d'espérances sont venues sourire aux cœurs dévots et reconnaissants, à la nouvelle du couronnement de Notre-Dame de Bonsecours!

« Oui, Monseigneur, c'est une couronne d'allégresse pour cette paroisse privilégiée entre toutes ses sœurs du diocèse, et elle sait apprécier et reconnaître ce grand bienfait de Votre Éminence. Elle n'ignore pas que, malgré les hautes et graves occupations causées par un concile œcuménique, Votre Éminence s'est souvenue du pèlerinage de Bonsecours, et que son cœur paternel a voulu en combler la gloire. Elle sait qu'elle doit à une attention non moins gracieuse le choix soudain et inespéré de ce jour de fête patronale, pour le couronnement de la Vierge auxiliatrice. Aussi, selon la recommandation de la sainte Écriture, « ce jour sera pour « nous un monument de joie, une solennité célébrée, d'âge « en âge, par un culte impérissable, » et votre illustre souvenir se perpétuera dans le joyeux anniversaire de ce couronnement : *sertum exultationis*.

« C'est encore une couronne d'allégresse pour la grande cité qui s'étend au pied de cette montagne, et qui est si dignement représentée dans la solennité de ce jour. C'est une couronne d'allégresse pour ce grand et beau diocèse, qui s'associe à l'acte solennel accompli par son premier pasteur. Que de fois, de la ville et du diocèse de Rouen, sont venus d'innombrables fidèles à ce sanctuaire, dans les nécessités publiques et privées, et que de fois se sont réalisées les paroles que chante l'Église dans l'office de ce jour : « Marie était notre espérance. Nous nous sommes réfugiés « sous sa protection afin d'être délivrés, et elle est venue « à notre secours. » Cette couronne est le signe radieux et permanent de leur reconnaissante allégresse : *sertum exultationis residuo populi sui*.

« Pourquoi craindrions-nous de le dire? Nos espérances de joie s'étendent jusqu'à des horizons plus vastes ; et, malgré les orages que semble recéler l'avenir, nous entrevoyons des jours plus sereins pour l'Église et pour la patrie.

« Cette couronne nous rappelle que la Vierge qui la portera fut toujours victorieuse de l'enfer; et si elle daigne agréer avec complaisance ce symbole de victoire, ce sera sans doute pour nous donner le gage assuré de triomphes nouveaux : *Data est ei corona, et exivit vincens ut vinceret.*

« Que vos prières, Monseigneur, que vos mains chargées des plus hautes bénédictions fassent descendre sur nous tous, sur cette paroisse, sur ce diocèse, sur la France, la rosée des grâces célestes! Puisse-t-il en sortir une floraison de vertus qui soient pour Marie une nouvelle couronne de gloire, et pour nous, son peuple, une couronne de joie et de prospérité. *In die illa erit corona gloriæ et sertum exultationis residuo populi sui.* »

M<sup>gr</sup> le cardinal répond à M. le curé que ce jour apporte à son cœur une grande joie. Il lui est doux de venir placer sur la tête de Notre-Dame de Bonsecours la couronne dont Pie IX, à sa demande, l'avait honorée. Cet antique sanctuaire, si cher à la piété normande, est tout rempli des bienfaits de la sainte Vierge et des témoignages du secours qu'elle apporte à ceux qui l'invoquent. Quel jour pouvait être mieux choisi pour cette solennité? L'Église célèbre la fête de Notre-Dame auxiliatrice, et Son Éminence se plaît à rappeler les grands faits de l'histoire que cet anniversaire consacre, et notamment la victoire remportée à Lépante sur l'ennemi héréditaire du nom chrétien. Qui ne voit dans cette heureuse coïncidence les plus saintes espérances? La puissance de Marie n'est pas amoindrie, et l'Église, dans les épreuves qu'elle traverse, peut compter sur sa miséricorde et son secours. Ce jour acquitte la dette de reconnaissance des générations passées et des générations présentes envers la Vierge Marie, qui manifeste depuis tant de siècles, en ce lieu, sa protection maternelle. Ce jour met le sceau à la gloire de Notre-Dame de Bonsecours, en même temps qu'il couronne aussi l'œuvre entreprise autrefois par le vénérable curé, M. Godefroy, dont Son Éminence évoque, en termes touchants, le pieux souvenir. Marie, qu'il a tant aimée et si fidèlement servie, lui a sans doute ouvert les portes du ciel, et il peut contempler du séjour des bienheureux cette grande fête, qu'il avait si souvent appelée de ses vœux.

Son Éminence exhorte tous les cœurs à s'unir à son cœur pour rendre à Marie un hommage digne d'elle, et à lui faire de leurs sentiments d'amour et de fidélité une couronne très précieuse, dont celle qu'il va placer sur sa tête sera désormais le symbole et l'image.

Après cette réponse, Son Éminence donne sa bénédiction. Le chœur entonne l'hymne *O gloriosa Virginum,* et la procession se met en marche pour se rendre au lieu du couronnement, selon l'ordre indiqué par le cérémonial :

En tête, les suisses ;

Les députations des cercles et autres bonnes œuvres ;

La bannière de la paroisse ;

La croix et les acolytes ;

La maîtrise de la métropole ;

Les élèves du grand séminaire ;

Les prêtres en habits de chœur, et parmi eux des religieux dominicains et des pères jésuites ;

Les chanoines honoraires et titulaires ;

La vénérable statue de Notre-Dame de Bonsecours, dans sa brillante parure, est portée au milieu du Chapitre par les diacres en dalmatique. M. le curé de Bonsecours et M. le curé-doyen de Boos, en chapes blanches, portent les couronnes d'or sur des coussins. La vue de cette antique et chère image, qui sort pour la première fois depuis des siècles de son sanctuaire, provoque dans la foule une pieuse émotion ;

M$^{gr}$ l'évêque de Coutances, entouré de ses chanoines d'honneur, et suivi de sa chapelle ;

Son Ém. M$^{gr}$ le cardinal, archevêque de Rouen, primat de Normandie, assisté de ses vicaires généraux, et suivi de sa chapelle ;

M. le maire, MM. les adjoints de Bonsecours, les autorités et les notables invités.

L'escorte d'honneur est fermée par la belle compagnie de sapeurs-pompiers de Bonsecours.

Il s'est passé, à cette heure de la cérémonie, un fait qu'il importe de conserver aux annales diocésaines. Le temps, menaçant la veille et l'avant-veille de la cérémonie, inspirait de sérieuses inquiétudes. Au matin de ce jour, les inquiétudes avaient redoublé. Le ciel était chargé d'épais nuages; un vent mauvais soufflait, précurseur de la pluie qui semblait devoir attrister et compromettre la fête.

Le cortège se met en marche, malgré les apparences défavorables. A peine la vénérable statue a-t-elle franchi le seuil du sanctuaire, que soudain un rayon de soleil déchire les épaisses nuées et vient illuminer de son éclat la statue radieuse. A mesure que le cortège s'avance, le soleil étend sa lumière, et peu à peu prend possession du ciel, qu'il remplit bientôt de sa splendeur. Jamais jour plus radieux n'a éclairé plus belle fête, et c'est au milieu des ardeurs d'un soleil d'été que s'accomplit, le matin et le soir, la cérémonie.

Le cortège prend place dans l'enceinte réservée. La statue est déposée sur l'autel, orné de lumières et de fleurs, et protégé par un vélum de velours bleu.

ÉGLISE DE BONSECOURS, 1890.

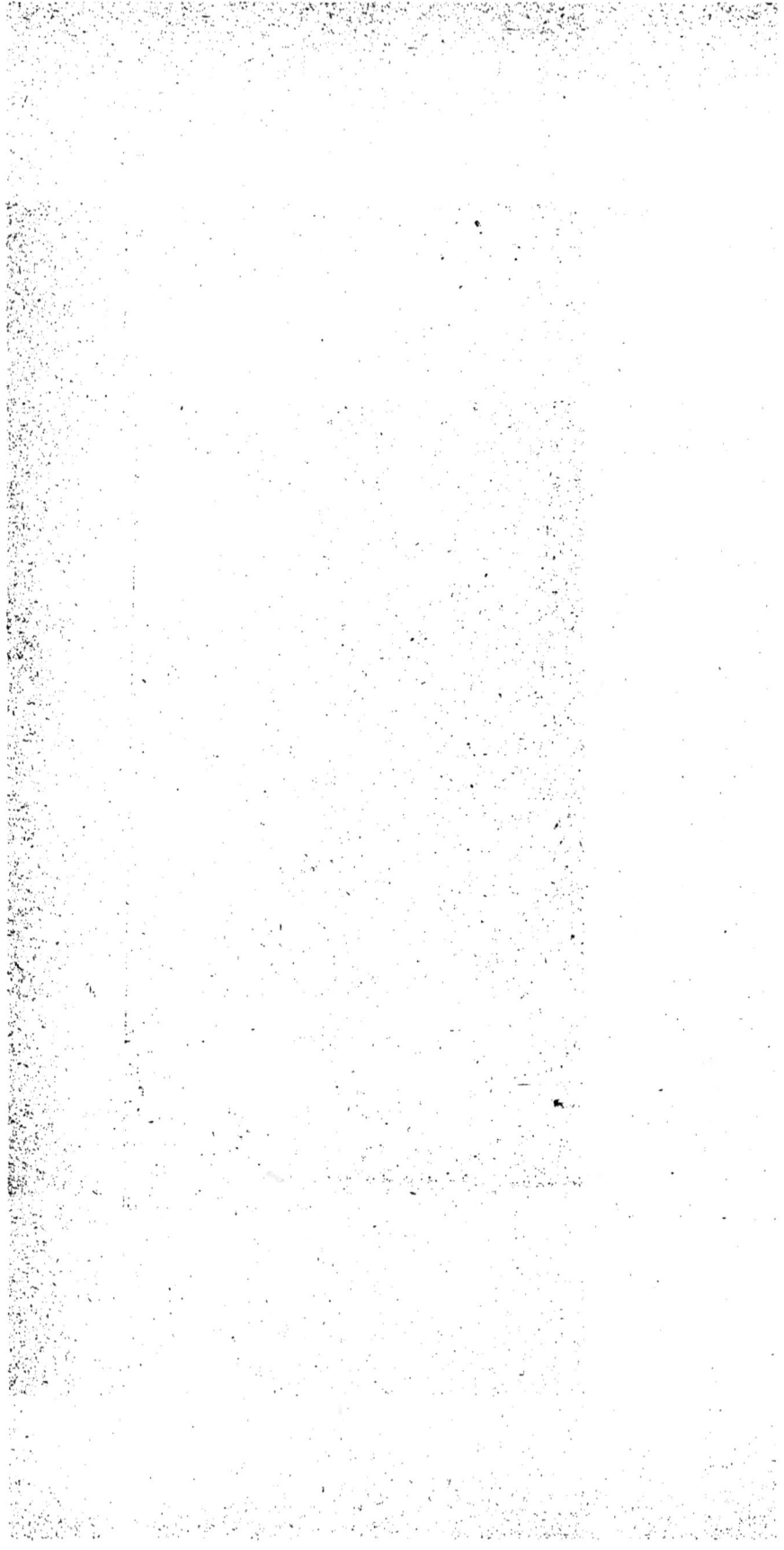

M<sup>gr</sup> le cardinal lit l'oraison *Deus, qui virginalem aulam,* et commence ensuite la messe.

Pendant la messe, la maîtrise a exécuté, avec le plus brillant entrain, les morceaux suivants : *Tota pulchras es;* le *Sanctus,* de la messe de Gounod ; *O quam suavis es,* de l'abbé Bluet, avec accompagnement de la musique de Mesnil-Esnard ; *Veni, sponsa Christi,* d'Aloys Runch, accompagné par la fanfare des élèves des Frères.

La messe terminée, S. G. M<sup>gr</sup> l'évêque de Coutances et d'Avranches s'avance sur le bord de l'estrade, et prononce un admirable discours, où sont exprimés tous les sentiments qui conviennent à une telle heure.

## III

Enfin le moment solennel est venu : Marie va recevoir l'hommage symbolique de notre amour, de notre piété filiale, de notre reconnaissance. L'Église, la Normandie, les siècles passés, les générations présentes vont la couronner par les mains de M<sup>gr</sup> le cardinal. L'émotion est grande, le recueillement profond.

M. Isaac, vicaire général, reçoit de Son Éminence les brefs pontificaux, avec ces mots : *Publicentur,* et en donne lecture à la foule.

M. le curé de Bonsecours et M. le doyen de Boos s'approchent du trône, présentent les couronnes à M<sup>gr</sup> le cardinal, qui les bénit solennellement. Son Éminence s'avance au milieu de l'autel, s'incline devant l'Image vénérée, s'agenouille et entonne ce chant d'allégresse : *Regina cœli, lætare.*

Le chœur et le peuple le poursuivent. C'est bien le chant qui convient à cette heure d'universelle joie. « Reine du

ciel, réjouissez-vous, alleluia. Car celui que vous avez mérité d'enfanter, alleluia, est ressuscité comme il l'a dit, alleluia. Priez Dieu pour nous, alleluia. »

Son Éminence, la figure radieuse, avec son grand air de
dignité et de bonté, éprouve, on le sent, un moment de
profonde émotion. L'acte qu'il va accomplir marquera dans
sa noble vie comme dans l'histoire.

Mᵍʳ le cardinal monte au-dessus de l'autel, et pose la première couronne sur la tête de l'Enfant Jésus, en disant en
latin : *Sicuti per manus nostras coronaris in terris, ita a te
gloria et honore coronari mereamur in cœlis :* « De même
que vous êtes couronné par nos mains sur la terre, ainsi
puissions-nous mériter d'être couronnés de gloire et d'honneur par vous dans les cieux. »

Son Éminence pose ensuite la seconde couronne sur la
tête de l'antique et vénérable image de Notre-Dame de Bonsecours, en disant : *Sicuti per manus nostras coronaris in
terris, ita et a Christo gloria et honore coronari mereamur
in cœlis :* « De même que vous êtes couronnée par nos
mains sur la terre, ainsi puissions-nous mériter d'être couronnés de gloire et d'honneur par Jésus-Christ dans les
cieux. »

A ce moment, la foule éprouve une sainte émotion; des
larmes coulent de bien des yeux, le canon tonne, les cloches
ébranlées vont porter sur la terre et au ciel l'heureuse nouvelle; de tous les cœurs montent des louanges et des bénédictions; et si les voix sont muettes par respect pour la
sainteté de la scène et les recommandations épiscopales, les
âmes tressaillent et se répandent en effusions d'amour.

Son Éminence encense à trois reprises la Vierge couronnée et chante les litanies, dont nous donnons ici la traduction :

℣. Qu'une couronne d'or soit sur sa tête.

℞. Ornée du signe de la sainteté, environnée de gloire, d'honneur et d'une force invincible.

℣. Vous l'avez couronnée, Seigneur.

℞. Et vous l'avez établie au-dessus des œuvres de vos mains.

### PRIONS

Père miséricordieux, qui avez voulu que votre Fils unique Notre-Seigneur Jésus-Christ se fît homme pour le salut du genre humain, en conservant l'intégrité de la Vierge Marie, faites, par l'invocation de sa Mère et les prières de cette même Vierge très sainte, que tous ceux qui s'appliqueront à vénérer humblement, devant cette image, cette même Reine de miséricorde et notre gracieuse souveraine, soient délivrés des périls qui les menacent ; qu'ils obtiennent devant votre divine Majesté le pardon de leurs actes et omissions coupables ; qu'ils méritent en cette vie la grâce qu'ils désirent avoir, et qu'ils puissent se réjouir en l'autre, avec vos élus, de leur salut éternel.

Par le même Jésus-Christ Notre-Seigneur. Ainsi soit-il.

Il fallait, à cette heure, le chant des grandes manifestations de la reconnaissance et de la joie pour donner une voix aux sentiments de tous les cœurs. Son Éminence entonne l'hymne d'actions de grâces, qui accompagne, depuis saint Ambroise, toutes les allégresses de l'Église, le *Te Deum* solennel, que le chœur poursuit avec un irrésistible élan.

Le clergé reconduit les prélats au presbytère. La foule va vénérer la sainte Image.

La première partie de la fête est terminée.

## IV

La procession du soir a été splendide. On connaît ce site merveilleux de Bonsecours, l'un des plus pittoresques et des plus poétiques de notre Normandie, si riche cependant en paysages renommés. Sur ce point culminant de la côte Sainte-Catherine, Bonsecours est l'arche tutélaire de la cité. La sainte Vierge y veille sur le fleuve, sur la campagne, sur la ville métropolitaine.

Le spectacle est incomparable, l'émotion est grande. L'antique et vénérable statue va être promenée par les routes couvertes de peuple, au milieu des chants de la religion et des bénédictions de la multitude.

Il est quatre heures. Les vêpres et les complies, chantées pontificalement par M<sup>gr</sup> de Coutances, en plein air, autour de la sainte Vierge, sont achevées. Les cloches font entendre leurs joyeuses volées, le canon gronde, les fanfares éclatent, la procession se met en marche. Elle déroule en bel ordre, gravement, pieusement, ses longues files et ses chants. Voici les bannières aux couleurs variées, les jeunes filles en blanc, le touchant cortège qui convient à la Reine des vierges, les enfants de la paroisse, les orphelines de la congrégation des Saints-Anges, la musique du Mesnil-Esnard, les bannières et les oriflammes des sociétés de Rouen, l'*Union catholique* de la Seine-Inférieure, les conférences de Saint-Vincent-de-Paul, l'*Émulation chrétienne*, la société du *Saint-Esprit*, la société de Saint-Victrice, les élèves du pensionnat des Frères avec leur musique, les élèves du petit séminaire du Mont-aux-Malades, la croix et le clergé de la paroisse, la maîtrise métropolitaine, les élèves du grand séminaire, qui chantent des psaumes, des hymnes en faux-bourdon, avec accompagnement d'instruments du plus puissant effét ; voici les prêtres du diocèse, ces bons prêtres venus de si loin et de tous les points, toujours fidèles à nos solennités publiques : leur figure est illuminée d'une sainte joie ; puis MM. les curés de Rouen, MM. les chanoines honoraires et titu-laires.

Voici surtout la sainte Image, la vieille et vénérable statue portée sur les épaules des diacres. A sa vue il se fait, dans l'immense foule qui est rangée partout sur le parcours du cortège, un mouvement d'émotion indicible. Le silence le plus religieux règne dans cette multitude d'hommes, de femmes, de jeunes gens. Ils regardent la statue, ils la regardent encore, avec des larmes dans les yeux et des prières aux lèvres. Quels souvenirs elle leur rappelle, leur Vierge de Bonsecours ! Et comme elle est belle ! comme elle paraît souriante ! Quelle ineffable expression porte son doux visage, sous sa couronne resplendissante ! Pas une tête couverte, pas un mot, pas un cri, et pas la moindre force armée ; tout ce recueillement est volontaire, ces hommages sont spontanés. Jamais foule n'a été si compacte ni si pieuse. Honneur, honneur aux bons habitants de notre pays ! Comme ils ont bien aimé la sainte Vierge, ce jour-là ! Comme ils lui ont témoigné leur vénération et leur confiance ! Que le peuple est bon, qu'il est beau, quand il obéit à un sentiment de foi ! Nous avons vu des hommes, connus par leurs opinions avancées, subir ce prestige du culte de la sainte Vierge, se découvrir pieusement à sa vue, et, qui sait ? peut-être lui adresser la prière que leur mère leur avait apprise !

Partout, en s'avançant, la vénérable statue ne rencontre que des yeux amis, souriants, pleins de larmes. Quel spectacle délicieux et consolant ! quel triomphe incomparable ! La foule, encore et partout la même foule, recueillie, émue, édifiante.

5

La procession parcourt ainsi la paroisse et revient à l'église, où s'achève par un salut solennel cette journée du ciel. La nuit est venue, et de brillantes illuminations, les feux de bengale qui entourent l'église, les pièces allégoriques du feu d'artifice, prolongent l'allégresse populaire et terminent dans la joie la plus digne une journée passée dans la reconnaissance, dans la prière et dans la foi.

# CHAPITRE VI

L manquait une dernière gloire à l'église de Notre-Dame de Bonsecours. Quarante années s'étaient écoulées depuis sa construction, et elle attendait encore, en 1885, sa consécration. Cette merveille d'art et de foi, élevée par la piété, par la reconnaissance, par l'amour de la Normandie, et, on peut le dire, de la France; ce sanctuaire privilégié, où chaque ville, chaque paroisse, chaque famille chrétienne de ce diocèse a inscrit son nom, n'avait pas reçu l'honneur accordé à tant d'autres sanctuaires; il n'avait pas été oint de l'huile sainte, il n'avait pas obtenu le caractère suprême et indélébile du sacre royal.

On le sait, par la bénédiction, l'édifice qui doit devenir une église est séparé de tout usage profane, et la célébration du culte y est autorisée; mais il ne devient, dans toute la force du terme, un lieu sacré que par la consécration. Consacrer une église, comme le mot l'indique, est en faire pour toujours un lieu sacré, l'affecter, par l'onction du saint chrème, au culte public, et lui octroyer le privilège que toute prière qui y sera faite désormais ait de soi la vertu d'effacer les péchés véniels. Tel est l'enseignement de la théologie. Dom Martène dit à ce sujet : « Parmi tous les usages solennels de l'Église institués pour nourrir la piété des fidèles, peu de rites surpassent celui de la dédicace. Qu'on considère l'objet de la consécration ou le nombre des cérémonies usitées, ou la dignité des ministres de l'autel, tout respire la sainteté, tout exhale l'esprit de la religion chrétienne, qui enlève merveilleusement le cœur aux pensées terrestres pour le transporter au ciel. »

La consécration d'une église est toujours réservée à l'évêque, et elle exige la consécration de l'autel principal. Nous ne retracerons pas ici les rites principaux de cette cérémonie aussi auguste que symbolique. Elle est signalée par douze croix tracées avec le saint chrême, en douze endroits de l'église, trois à chaque point cardinal, en l'honneur des douze apôtres, fondements de l'édifice moral, dont le Christ est la pierre angulaire. Ces croix, une fois tracées, ne pourront plus être enlevées.

Dès les premiers siècles, la consécration des églises a été l'une des plus solennelles cérémonies de la liturgie sacrée, « et ce spectacle, écrit Eusèbe au IVe siècle, était d'autant plus admirable, qu'il était rehaussé par la présence de tous les évêques d'une province [1]. » Les conciles de Jérusalem et d'Antioche furent même tenus à l'occasion de la consécration des églises construites dans ces villes par Constantin [2]. De là l'usage, dans les différents siècles de notre histoire, de convoquer aux dédicaces solennelles des églises nouvellement édifiées une nombreuse assemblée de pontifes et de prêtres.

La consécration de Notre-Dame de Bonsecours était à la fois pour nous une fête religieuse et nationale : religieuse,

---

[1] Vit. Constant, XIII.
[2] Sozomène, II, XXVI.

Chevet de L'ÉGLISE en 1890.

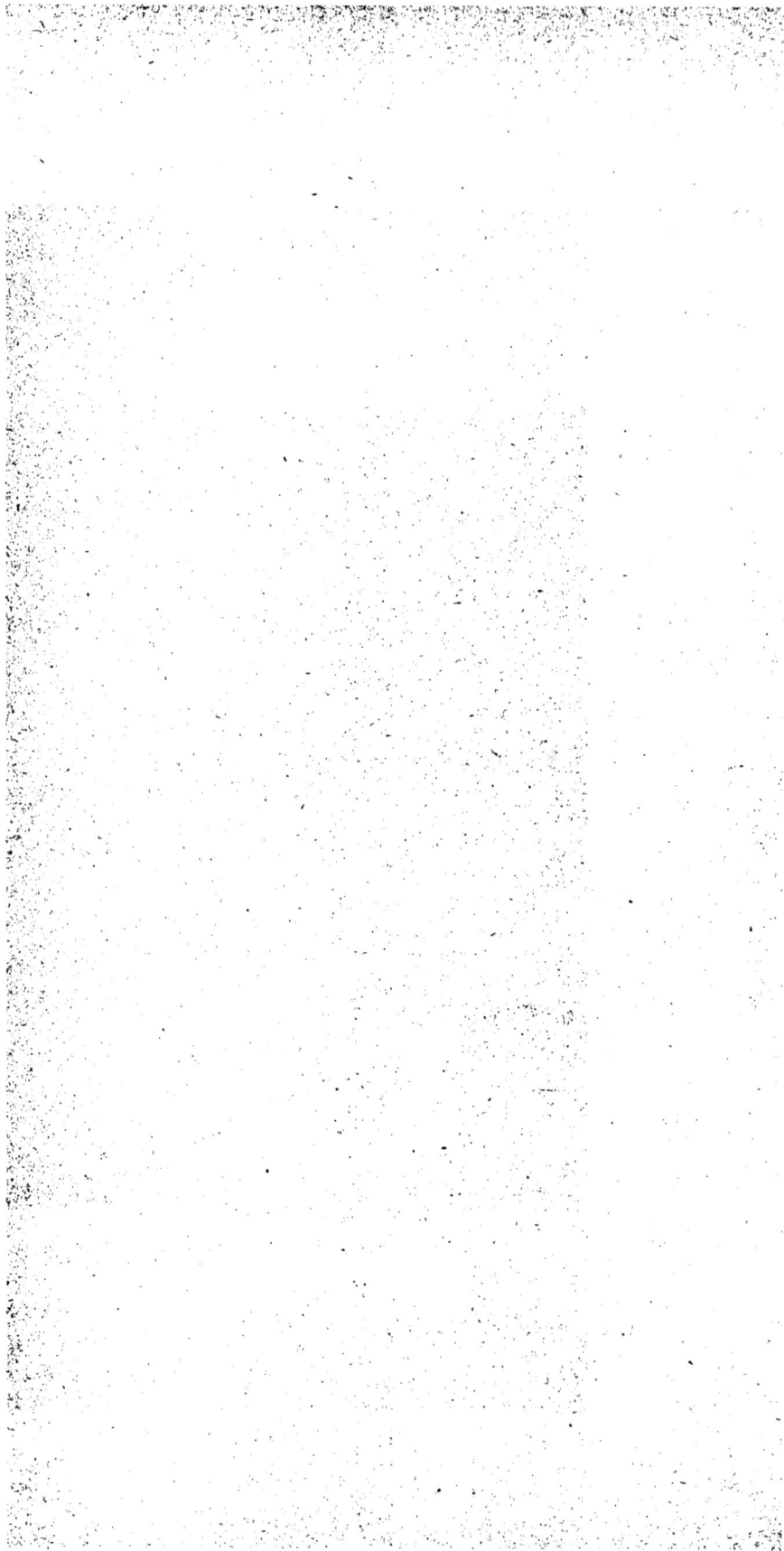

parce qu'en effet la religion, par la main de ses pontifes, allait faire la dédicace d'un temple qui est un des plus splendides monuments de la foi et de la dévotion de ce XIXe siècle; nationale, parce que ce monument a été élevé par la France presque tout entière. On ne sait pas assez que le digne prêtre qui a bâti cette église a parcouru toute la France, dans un temps où ces quêtes générales étaient, pour ainsi dire, inconnues, et a recueilli les offrandes des petites gens plus souvent que celles des puissants de ce monde. Il frappait à toutes les portes, à celles des chaumières comme à celles des palais; il recevait partout bon accueil, et il est vrai de dire que l'église de Bonsecours a été bâtie avec des sous plus encore qu'avec des pièces d'or. Son pieux et généreux successeur a continué. Les centaines de mille francs qu'il a dépensés à l'achèvement et à l'ornementation de l'église, lui sont venus des humbles plus encore que des grands. C'est une fête nationale, parce que le pèlerinage de Bonsecours est le pèlerinage par excellence de notre diocèse, et que notre contrée a reçu de la Vierge Marie, sa patronne, depuis des siècles des marques innombrables de tendresse, de secours et de protection.

La France est couverte de sanctuaires célèbres consacrés à Marie, qui sont comme autant de boulevards de salut pour notre pays. Nulle part, l'histoire l'atteste, le culte de la sainte Vierge n'a plongé ses racines plus avant que dans le sol français, nulle part il ne s'est épanoui en de plus magnifiques et de plus populaires monuments. Sans compter nos plus vieilles et nos plus splendides cathédrales, qui presque toutes portent le doux et glorieux vocable de Notre-Dame, quels pèlerinages, quels sanctuaires que ceux de Notre-Dame de Chartres, de Roc-Amadour, du Puy, de Fourvières, de Boulogne, de la Treille à Lille, de Loos, de Notre-Dame-la-Grande à Poitiers, de la Garde à Marseille, de Liesse, du

Laus, de la Délivrande, de Bon-Encontre, de Verdelais, de Buglose, de Vassivière, de Beauchêne, des Victoires à Paris, de Lourdes et cent autres dont s'honore et se glorifie chacune de nos provinces !

Bonsecours est l'un de ces sanctuaires, la reconnaissance publique le proclame ; les pierres elles-mêmes l'attestent éloquemment. En 1838, M. Godefroy « trouva, écrit-il, le sanctuaire vénéré couvert des témoignages de la pieuse reconnaissance des pèlerins ». Depuis que l'église actuelle a été élevée, depuis 1844, le nombre des ex-voto, c'est-à-dire des témoignages publics des faveurs extraordinaires obtenues par l'intercession de Marie dans cette église, se chiffre par milliers. L'acte solennel du souverain Pontife qui a couronné la Vierge de Bonsecours a été la sanction suprême de l'histoire et de la dévotion de nos populations.

La cérémonie de la consécration fut annoncée au diocèse par une lettre pastorale de Mᵍʳ Thomas, archevêque de Rouen, qui doit trouver place ici, parce qu'elle est un des importants témoignages et un des anneaux d'or de la tradition.

# LETTRE PASTORALE

DE

## MONSEIGNEUR L'ARCHEVÊQUE DE ROUEN

PRIMAT DE NORMANDIE

AU CLERGÉ ET AUX FIDÈLES DE SON DIOCÈSE

A L'OCCASION

### DE LA CONSÉCRATION DE L'ÉGLISE DE NOTRE-DAME DE BONSECOURS

---

Nos très chers Frères,

Le moment est venu d'assurer à l'église de Notre-Dame de Bonsecours l'honneur de la consécration. Œuvre d'une grande foi et d'un grand amour, ce sanctuaire a reçu des hommes tout ce qu'ils peuvent donner. Dieu, par les rites augustes de la sainte liturgie, va lui imprimer le sceau des grandeurs éternelles.

Quelle touchante et merveilleuse histoire! Le vénérable prêtre appelé en 1838 à la cure de Bonsecours, M. l'abbé Godefroy, trouva l'ancienne église remplie des témoignages de la foi des pèlerins, mais couverte des cicatrices du temps et des révolutions. Une pensée du ciel illumina son âme : il voulut élever à Marie un temple dont chaque pierre serait un acte de foi. Il se mit à parcourir la France, une bourse à la main : la piété y jeta des millions. Des mains royales envoyèrent leur offrande; des prélats, des pairs de France, des généraux, des députés, les survivants de nos plus vieilles familles, inscrivirent leur nom sur les listes de souscriptions; les humbles, les petits, les pauvres eux-mêmes apportèrent joyeusement leur obole à l'infatigable quêteur, de telle sorte que nous pouvons saluer le monument élevé par son zèle, comme une des plus belles œuvres de la foi et de la charité française au XIXᵉ siècle.

La ravissante église apparaît comme une reine sur la montagne d'où elle domine la noble cité confiée à sa garde, notre beau fleuve avec ses îles de verdure, et un immense horizon. Par ses formes élancées, par la pureté et l'harmonie de ses lignes, elle reproduit un des types les plus parfaits de l'architecture religieuse. C'est une Sainte-Chapelle agrandie. Depuis que le cardinal prince de Croy en a béni la première pierre, le 4 mai 1840, tous les arts ont rivalisé pour l'enrichir de leurs merveilles, pour la parer de grâce et de beauté; mais surtout la reconnaissance lui fait chaque jour une parure qui a plus de charmes encore, en gravant sur ses murailles le souvenir des bienfaits de Notre-Dame de Bonsecours. A la porte même du tabernacle, on lit une inscription composée par Mᵍʳ Blanquart de Bailleul, et qui exprime admirablement le meilleur souhait des bienfaiteurs et des pèlerins.

> Ædiculam in terris lætus tibi, Christe, paravi.
> Æternam in cœlis da mihi, Christe, domum.

Il convenait que Rome, sanctionnant la dévotion des siècles et résumant tous les hommages, couronnât la miraculeuse statue. Tel a été l'objet de la solennité du 24 mai 1880, que le cardinal de Bonnechose eut tant de joie à présider, et dont le seul souvenir est encore une fête pour vos cœurs. La solennité du 19 de ce mois a pour but de faire resplendir l'église de Notre-Dame de Bonsecours de l'éclat d'une dignité et d'une gloire nouvelles, en la marquant du signe divin de la consécration.

Fidèle à l'antique tradition qui nous montre les évêques de différentes provinces et quelquefois tous les Pères d'un concile intervenant à la dédicace des églises, nous avons convié à notre cérémonie plusieurs de nos frères dans l'épiscopat. A leur tête, le nonce apostolique, dont la haute intelligence et les vertus exquises font aimer et respecter parmi nous l'autorité du grand pape qu'il représente; l'archevêque de Cambrai, si doux à votre souvenir, si cher à vos cœurs; les évêques bien-aimés de notre province, toujours empressés à partager nos joies et nos deuils; deux autres prélats dont l'affection nous est précieuse, dont la présence sera un honneur. A leur suite, notre clergé et notre peuple fidèle voudront assister à cette fête, qui marquera une date mémorable dans les annales de notre dévotion envers la bienheureuse Vierge Marie.

# I

Depuis le jour, N. T. C. F., où Jésus mourant a dit à l'humanité en la personne de Jean : « Voilà votre mère, » la Mère de Dieu est devenue la mère des hommes, leur plus aimable protectrice, leur secours le plus assuré.

Bossuet a tout dit sur ce mystère, en quelques mots : « Je ne vous tairai pas une conséquence de la maternité de Marie, que peut-être vous n'avez pas assez méditée : c'est que Dieu ayant une fois voulu nous donner Jésus-Christ par la sainte Vierge, cet ordre ne se change plus, et les dons de Dieu sont sans repentance. Il est et il sera toujours véritable qu'ayant reçu par elle une fois le principe universel de la grâce, nous en recevrons aussi par son entremise les diverses applications, dans les états différents qui composent la vie chrétienne. La charité maternelle qui fait naître, dit saint Augustin, les enfants de l'Église, ayant tant contribué à notre salut dans le mystère de l'Incarnation, qui est le principe universel de la grâce, elle y contribuera éternellement dans toutes les autres opérations qui n'en sont que des dépendances[1]. »

Marie a donc un ministère bien déterminé dans l'économie des dons de Dieu. Elle est le canal des grâces dont Jésus-Christ est la source, et, si elle en a reçu la plénitude, c'est afin que de son cœur les grâces débordent sur l'humanité, *superplena et supereffluens*[2]. Jésus-Christ est l'unique et souverain médiateur auprès de Dieu. Marie est notre médiatrice auprès de son Fils, médiatrice d'intercession, mais toujours exaucée. Il n'est aucune grâce qu'elle ne puisse obtenir de l'auteur de la grâce, et qu'elle ne déverse amoureusement sur nous. « Dans tout danger, dit l'Ange de l'école, vous pourrez trouver par elle le salut, dans tout combat l'assistance. C'est pourquoi la glorieuse Vierge a dit elle-même : En moi est toute l'espérance de la vie et de la vertu[3]. »

Nouvelle Ève, vraie Mère des vivants, c'est bien de Marie surtout que le Seigneur a parlé dans cet oracle prophétique où il annonçait le ministère de la femme : « Il n'est pas bon que l'homme soit seul, faisons-lui un aide semblable à lui[4]. » De même qu'en formant l'homme, Dieu préludait à son chef-d'œuvre, l'incarnation de son Fils, et contemplait

---

[1] 3e Sermon pour la fête de la Conception, et 4e Sermon pour la fête de l'Annonciation.

[2] S. Bernard, *in Assumpt. Serm. II.*

[3] S. Thomas, Opusc., VIII.

[4] *Gen.*, II, 18.

l'Éternel idéal, le Verbe, qui devait un jour naître homme :
*Cogitabitur Christus homo futurus*[1] ; ainsi, en formant la
noble et délicate créature qui, sous les noms de mère,
d'épouse, de sœur, est l'appui le plus fort, comme le charme
le plus doux de toute existence humaine, Dieu esquissait
les traits sous lesquels devait un jour apparaître la femme
par excellence, semblable à nous, pour être accessible à
nos faiblesses, toute-puissante et toute miséricordieuse pour
nous secourir : la Vierge immaculée, dont la beauté attire
les cœurs « par le parfum d'innocence qui s'exhale d'elle et
l'enveloppe comme un vêtement » ; la plus aimante des
mères, qui nous prend au berceau et nous accompagne jusqu'à la tombe ; l'auguste et gracieuse reine dont le sceptre
est si doux, et pour qui régner c'est bénir, c'est pardonner,
c'est faire du bien à tous, partout et toujours.

Mais prêtez l'oreille au concert des générations qui glo-
rifient et invoquent Marie. La note dominante est un long
gémissement. « O Reine, ô Mère, notre vie, notre douceur,
notre espérance, c'est vers vous que nous crions, à travers
nos soupirs et nos larmes : *Ad te clamamus, ad te suspiramus gementes et flentes.* » Rêves brisés, espoirs déçus, deuils
du foyer ou deuils du cœur, angoisses du doute, tortures
du remords, détresse des âmes meurtries par l'injustice ou
l'ingratitude, tourmentées par les joies mauvaises et les
désenchantements des passions, pauvres corps blessés et
meurtris, ou bien livrés aux bizarreries cruelles de la maladie, qui tantôt les dévore lentement, tantôt les agite par un
tremblement continuel, tantôt les cloue perclus et immo-
biles sur un lit de douleurs : voilà le sombre cortège que
l'humanité traîne après elle dans la vallée des larmes, voilà
les souffrances dont les soupirs ou les clameurs implorent

[1] Tertullien.

la protection de Marie, et sur lesquelles s'abaissent ses regards miséricordieux : *Ad te clamamus..., ad te suspiramus..., in hac lacrymarum valle.*

A ces gémissements, à ces voix pleines de larmes, se mêlent les accents plus doux de la louange et de l'amour, les pieux épanchements qui sont comme la respiration des âmes, les entretiens cœur à cœur, la prière qui ose tout demander avec un abandon filial, la reconnaissance qui verse silencieusement ses parfums au pied de l'autel, ou qui éclate en des chants de triomphe. Aussi bien le secours de Marie répond à tous les besoins, comme sa dévotion à tous nos sentiments, à toutes nos inspirations : à la joie et à la douleur, à l'innocence et au repentir, à la confiance et à la crainte. N'est-elle pas la mère de toutes grâces? Les hommes d'étude et de science lui demandent de bénir leurs travaux, parce qu'elle est le trône de la sagesse; les prêtres, les missionnaires, les sœurs de la Charité, tous ceux qui veulent être secourables aux malades, aux pauvres, aux pécheurs, lui confient leur dessein généreux et leurs glorieuses fatigues; les vierges lui demandent la pureté; les jeunes hommes, la vaillance dans les luttes de la vertu; les époux, la bénédiction de leur foyer. Nulle plage chrétienne, où l'on ne voie se dresser, soit à l'entrée du port, soit sur la côte voisine, une statue de la Vierge, Étoile de la mer. Nulle contrée où Marie n'ait un sanctuaire privilégié, vers lequel accourent les foules, où elle est invoquée sous l'un des titres si variés que lui décerne la piété de ses enfants. Tous ces titres, la douce Vierge consent à les porter, parce que ce sont des noms d'amour; elle les justifie par ses miracles et ses bienfaits, et saint Bernard n'a fait que prêter sa voix à la conscience humaine, dans ce cri sublime, que répètent tous les échos de la terre : « Il est inouï, ô douce Vierge Marie, qu'aucun de ceux qui ont

imploré votre protection, réclamé votre secours, sollicité
vos suffrages, ait été abandonné de vous. »

Le titre qui résume tous les autres est celui que les siècles
ont donné à Marie sur notre sainte montagne : Notre-Dame
de Bonsecours! C'est bien à elle que nous pouvons appliquer ces paroles si souvent vérifiées par des merveilles de
grâces, dans nos annales publiques, comme dans l'histoire
intime des âmes : « J'ai levé les yeux vers la montagne, d'où
me viendra le salut : » *Levavi oculos in montes, unde veniet
auxilium mihi*[1].

Parlez, murs bénis du sanctuaire, et dites-nous combien
de générations ont gravi l'une après l'autre, courbées sous
le fardeau de la douleur ou entraînées par l'espérance et
par l'amour, les pentes de cette fière colline prédestinée au
culte de Marie; combien de fois, à l'heure des grandes
crises, à l'approche des fléaux qui menaçaient la cité ou
dans les désastres qui accablaient la patrie, on a vu tout un
peuple se lever et porter ses ardentes supplications à celle
que l'Église nomme la santé des infirmes, la consolatrice
des affligés; parlez, voûtes saintes, qui avez vu tant de
larmes, entendu tant de vœux, tressailli au chant de tant
d'actions de grâces. Parle aussi, noble terre de Normandie,
avec tes cathédrales toutes consacrées à Notre-Dame, avec
ta dévotion huit fois séculaire pour l'immaculée Conception
de Marie, que, dans leurs *palinods,* nos pères célébraient
avec un si tendre amour. Et toi, notre antique et merveilleuse cathédrale, où dorment tant de saints et de héros, où
Rollon a voulu être enseveli, à qui Richard a légué son
cœur si vaillant et si fier, que les contemporains et la postérité l'ont nommé *Cœur de lion,* dis-nous quelles prières
s'exhalent des âmes, quand, au jour des grandes solennités,

---

[1] Ps. CXX.

éclate sous tes voûtes le cantique de la victoire du Christ, et que, pour appeler Marie au secours de la France et de l'Église, prêtres et fidèles mêlent leurs voix et leurs cœurs : *Sancta Maria, adjuva! adjuva!*

## II

Jésus-Christ a reçu les nations en héritage. Elles *s'agitent,* mais il les tient sous sa main, et il les *mène* au gré de sa puissance et surtout de son amour. A la vérité, leurs mouvements sont parfois si impétueux, leurs convulsions si violentes, leurs bonds si désordonnés, qu'elles paraissent échapper à toute loi. Il n'en est rien. Regardez l'Océan à l'heure même où ses grandes eaux sont bouleversées par la tempête. L'ordre établi par Dieu n'est pas troublé; l'attraction céleste se fait toujours sentir; la vague docile et respectueuse s'élève ou s'abaisse, avance ou recule, sous l'influence de l'astre qui préside à cette immense harmonie. Telle est l'influence de Marie sur les destinées des peuples. La sainte Écriture compare sa beauté à l'éclat doux et voilé de l'astre des nuits: nous pouvons dire aussi que sa puissance s'exerce comme une attraction mystérieuse, pour contenir entre les rives de la miséricorde les flots de la colère divine, pour dominer tous les orages des passions, plus redoutables encore que ceux de l'Océan.

Voilà ce qui paraît à chaque page de notre histoire, d'une manière si visible, si miraculeuse, qu'un grand pape, Benoît XIV, a déclaré la France impérissable, parce qu'elle est le royaume de Marie.

Née à Tolbiac d'une prière et d'une victoire, baptisée à Reims avec Clovis, la France s'est consacrée à Marie dès le

VUE DE ROUEN, prise au bas du cimetière de Bonsecours.

premier éveil de sa vie nationale. Ce don généreux d'elle-
même a été fait le jour où Clovis et la pieuse reine Clotilde
ordonnèrent que, dans un bois hier encore profané par les
sacrifices païens, à quelques pas du lieu où se dresse dans
sa morne beauté notre Strasbourg en deuil, on érigeât un
sanctuaire en l'honneur de la Vierge, par qui les Francs
avaient été victorieux. Hélas! dans ce souvenir que de
regrets! Comment penser sans amertume que la première
terre française où Marie posa le pied fut la terre d'Alsace,
et que de là montent vers elle les longs gémissements d'un
peuple qui n'a plus de patrie!

Trois siècles plus tard, Dieu met à la tête de l'empire des
Francs un homme « si grand, que la grandeur a pénétré
son nom » : Charlemagne, à qui fut confiée la triple mission
de fermer l'ère des invasions barbares, de refouler l'islamisme, et, en dilatant son empire, de coopérer, selon la
parole de Bossuet, à la dilatation du règne de Dieu. Or le
grand homme avait moins de confiance dans la bravoure de
ses preux que dans la protection de la Vierge, dont l'image
était représentée sur ses étendards. Roland, son neveu, avait
la même foi. Il fit un vœu à Notre-Dame de Roc-Amadour,
avant de frapper les grands coups qui ont retenti avec tant
d'éclat dans l'histoire et la poésie, et, en mourant, le glorieux vaincu demanda que, sur sa tombe, un sanctuaire fût
élevé à la Mère de Dieu.

A partir de cette époque, le chaste culte de Marie inspire
la chevalerie française et crée parmi nous ces traditions de
loyauté, de courtoisie, d'honneur, qui ont survécu à toutes
nos défaillances, et qui sont encore à l'heure présente la
plus belle parure de notre civilisation. A l'exemple de ces
âmes héroïques, en qui le respect délicat de la faiblesse et
du malheur s'alliait à un courage sans reproche et sans
peur, on vit tout le peuple de France s'éprendre d'amour

pour Notre-Dame, la Dame des petits et des grands, des
sujets et des rois, la vraie souveraine des cœurs, porter
fièrement son nom et sa livrée, s'enrôler dans ses confré-
ries, et varier à l'infini les expressions d'une piété toute
filiale, tantôt en de naïves légendes, tantôt dans ces immenses poèmes de pierre qui sont nos sublimes et radieuses
cathédrales.

Marie redouble ses bienfaits, elle conduit notre oriflamme
à la grande victoire de Bouvines. Elle exauce la prière de
Blanche de Castille et donne à la France le meilleur de ses
rois, saint Louis, en qui notre nation admire tout ce qu'elle
aime : l'intelligence, la justice, l'héroïsme, la bonté.

Mais voici qu'un jour, au commencement du xv⁰ siècle,
le ciel de la patrie s'est couvert de sombres nuages. Les
choses en sont venues à cette extrémité, qu'on peut se
demander si la France de Clovis, de Charlemagne, de saint
Louis, ne va pas se dissoudre et périr. Quoi! la monarchie
française s'éteindrait à Chinon dans les délices d'une cour
frivole! Quoi! Orléans, Paris, seraient pour jamais ravis à
nos rois! Et toi, ô Rouen, resterais-tu aux mains de l'Anglais? Serais-tu condamné à perdre ta nationalité et ta foi?
Tout semble désespéré : c'est l'heure de Dieu, c'est aussi
l'heure de Marie. Une jeune fille se lève, portant deux étendards; sur l'un elle a fait écrire : « Jésus, Marie; » sur l'autre
est figuré un ange présentant un lis à la Reine du ciel.
Étonnante puissance de l'héroïne inspirée! elle ranime tous
les courages, rétablit l'ordre dans les camps, et conduit nos
armées à la victoire. Orléans est délivré, Rouen le sera
demain. O Jeanne, tu as bien fait de mettre l'image de la
Vierge sur la bannière qui flotte en tes mains virginales.
Que ses plis vainqueurs battent au vent dans le combat;
qu'ils dorment glorieusement à Reims près de l'autel du
sacre; qu'ils soient à la peine ou à l'honneur, n'importe!

l'histoire y lira par quelle intervention céleste a été sauvée, cette fois encore, la fortune de la France.

Avançons dans les siècles. Henri IV veut être sacré à Notre-Dame de Chartres, afin de témoigner qu'avec la foi antique de la France, il a épousé son tendre et inviolable amour pour la Vierge Marie. C'est dans la même église que Louis XIII vient rendre grâce de ses victoires et obtient cet héritier de sa couronne qui devait être le roi du grand siècle. En signe de gratitude, il voue éternellement son royaume à Marie. Avec quelle joie, chaque année, nous renouvelons cette solennelle consécration, et de quels accents émus retentissent nos temples, lorsque le cœur de la France toujours catholique jette vers le ciel ce cri des aïeux : « Gardez la foi française et protégez la patrie ! »

> Serva fidem Galliæ,
> Ama dici patriæ
> Tutum patrocinium.

Donc, ô Marie, souvenez-vous que, nulle part, vous n'avez été plus honorée et plus aimée que sur la terre de France. Souvenez-vous de vos anciennes bontés, et soyez encore et toujours la Vierge secourable à notre nation. Veillez sur ses foyers, afin que malgré tout ils soient fidèles à la loi des alliances chrétiennes, la loi d'un amour indissoluble et d'une fidélité éternelle. Veillez sur ses autels, afin qu'ils restent debout et respectés avec leur Christ et leur sacerdoce. Veillez sur sa jeunesse, afin que le doute et les molles jouissances n'altèrent pas en elle l'énergie de la foi, la générosité du cœur, le culte de l'honneur, l'enthousiasme des nobles dévouements. O Vierge, ô Reine, ô Mère, soyez propice à la fortune même du pays, à ses entreprises de terre et de mer, à son industrie, à son commerce, à ses arts, à ses négociations, à ses traités, à son peuple, à son armée.

6

On raconte que c'est au pied d'un autel consacré à Marie que fut un jour retrouvée cette épée de Jeanne d'Arc dont l'éclair a brillé à Orléans, puis à Patay, et qui, en sauvant la France, a écrit dans nos annales une des plus belles pages de l'histoire de Dieu. Cette loyale et vaillante épée, n'est-ce pas ton image, n'est-ce pas le symbole de tes destinées, ô âme de la patrie française? Repose donc sous la garde de Marie, au pied de ses autels, jusqu'au jour où elle bénira ton réveil et redeviendra ton auxiliaire, dans ce glorieux service du Christ et de l'Église, qui est la fin providentielle de tes efforts, de tes combats, de ta parole, de ton génie et de ton cœur.

## III

Marie est surtout le secours de l'Église. Comme le Christ a souffert pour entrer dans sa gloire, ainsi l'Église doit lutter et souffrir, et, comme toute créature, elle enfante dans la douleur. N'est-elle pas née sur le Calvaire, de l'agonie même de Jésus? Or, à l'heure où le Sauveur expirait, Marie était debout, au pied de la croix, soutenant de son regard et de ses larmes les premiers fidèles. Ce spectacle, nous le verrons jusqu'à la fin des siècles. Au milieu de tous les bouleversements des choses humaines, quelles que soient les violences ou les séductions qui tour à tour éprouvent la constance de l'Épouse du Christ, Marie est debout, à côté d'elle, pour la protéger; et de même, dit saint Augustin, que cette divine Mère a formé de sa substance le corps de l'Homme-Dieu, elle coopère au développement de son corps mystique, qui est l'Église.

Marie est, à Jérusalem, la conseillère et l'institutrice des apôtres; elle enflamme leur zèle, encourage leurs efforts,

Rouen, vu de BONSECOURS. Propriété de M<sup>r</sup> Le Picard.

applaudit à leurs succès. On la voit au Cénacle le jour de la Pentecôte, comme elle sera présente par sa prière à tous les conciles. Saint Cyrille, au nom des Pères d'Éphèse et de toute la tradition, a célébré cette mission de Marie dans ces immortelles acclamations : « Salut donc, ô Marie, Mère de Dieu, pierre précieuse de tout l'univers, flambeau inextinguible, couronne de la virginité, sceptre de la foi, temple indestructible contenant celui que nul espace ne saurait contenir! Par vous nous a été donné Celui qui est appelé Béni par excellence, et qui est venu au nom du Seigneur; par vous, la Trinité est glorifiée, la croix adorée sur toute la terre; par vous, les cieux tressaillent d'allégresse; les anges sont réjouis, et l'homme lui-même est rappelé au ciel. »

Il faudrait citer toutes les pages de l'histoire pour raconter les triomphes de Marie au service du Christ et de l'Église; mais la fête que nous allons célébrer rappelle naturellement à notre pensée deux faits mémorables où l'intervention de la bienheureuse Vierge a été si opportune, si éclatante, si décisive, que la piété des pontifes et des peuples n'a pu se défendre de la proclamer : « Notre-Dame auxiliatrice, secours de l'Église et son invincible espérance. »

Vers le milieu du xvie siècle, la foi courait un extrême danger. Il y avait neuf siècles qu'elle soutenait contre l'islamisme une lutte sans trêve ni merci. Attaché aux flancs de l'Église, cet impitoyable ennemi ne se lassait pas à tirer d'elle le plus pur de son sang et à lui porter de cruelles blessures. Il y avait neuf siècles que la société musulmane, dévorée par cette fièvre des passions voluptueuses ou sanglantes que le Coran avait allumée dans les âmes, cherchait à renverser la croix, signe de la rédemption par Jésus-Christ. L'enjeu de cette lutte mortelle, c'était le dogme de la liberté, l'honneur des foyers, la pudeur des âmes; c'était l'œuvre du Christ et de l'Église, le sang des martyrs, les prières et les souffrances des catacombes, les vertus des vierges et des solitaires, les larmes, les sueurs, les veilles des religieux dans leurs cloîtres, les méditations des docteurs et leurs profondes études; et, si nous nous souvenons qu'à l'heure où se préparait cette formidable bataille entre l'Église et l'islamisme, une merveilleuse Renaissance se produisait en Europe, il faut ajouter que le prix du conflit, c'était aussi la gloire des lettres, le génie des sciences; c'était la civilisation même dans son magnifique essor.

Tant de biens et tant d'espérances vont-ils donc être submergés? Déjà le croissant projette son ombre sur la Grèce et la Hongrie; la mer disparaît sous les galères musulmanes; la forteresse de Rhodes, après une défense héroïque, est tombée au pouvoir de Soliman le Magnifique. Chypre à son tour voit la croix du Christ descendre de ses murs, où la main des Lusignan l'avait jadis si victorieusement gardée; demain l'Italie s'ouvrira devant ces nouveaux barbares, qui méditent de pousser jusqu'à Rome, et de frapper au cœur l'Église et la civilisation. Pour un pape comme Pie V, c'en est trop! Il saura réveiller le génie des croisades pour jeter au monde une dernière fois le cri de : « Dieu le veut! » Il ne manquera « ni à la chrétienté ni à son devoir en cette occasion importante[1] ».

Pie V appartenait à cette grande famille de saint Dominique dont les fils, depuis sept cents ans, s'en vont sur tous les chemins du monde, égrenant leur Rosaire, et ne se lassant pas de faire monter vers la Vierge ce doux refrain : *Ave, Maria;* car ils comprennent que « l'amour n'a qu'un mot, et qu'en le redisant toujours, il ne le répète jamais[2] ».

[1] Bossuet, *Abrégé de l'Histoire de France.*
[2] Lacordaire.

Le saint pontife invoque donc Marie; puis, avec la téméraire audace qu'inspire la foi, il presse si vivement les puissances européennes de s'unir contre l'islamisme, que l'Espagne, Venise, la Sicile, Florence et d'autres républiques d'Italie, envoient leurs flottes et leurs meilleurs capitaines. A la tête de cette armée est le chevaleresque don Juan d'Autriche. Or, le septième jour d'octobre 1571, il rencontre la flotte ennemie. Le combat s'engage dans le golfe de Lépante, non loin de ce promontoire d'Actium où Auguste et Antoine se disputèrent l'empire du monde. Aujourd'hui il s'agit de la liberté des âmes, du triomphe de la vérité. Aussi, tandis que don Juan, le crucifix à la main, traverse toute la flotte chrétienne, dont il excite les transports, et va de sa personne faire l'abordage du vaisseau-amiral; tandis que, sur la mer, tout s'émeut, tout frémit, le monde catholique est en prière au pied des autels de Marie. Pie V, comme autrefois Moïse, élève vers le ciel ses mains suppliantes. Tout à coup un rayon illumine le front du pontife : une vision lui a montré l'ange de la victoire. La puissance musulmane venait de sombrer dans les eaux de Lépante, et voici les trophées de ce prodigieux triomphe : l'œuvre de Charles Martel, de Charlemagne, de saint Louis, achevée, l'Occident désormais fermé à l'islamisme, la civilisation sauvée.

Avec quels sentiments Pie V chanta l'hymne d'actions de grâces à Notre-Dame des Victoires! Il établit, au 7 octobre, une fête en son honneur, et il la salua du nom de Secours des chrétiens, qu'après quatre cents ans nous sentons le besoin de répéter en face de la nouvelle invasion de cette barbarie qui se forme dans les couches profondes de notre société et qui commence à battre nos digues et nos remparts mal affermis : *Auxilium christianorum, ora pro nobis.*

A l'aurore du XIXe siècle, l'Église fit la rencontre d'un homme audacieux autant qu'habile, à qui la fortune n'avait rien refusé de ce que le génie peut lui arracher. On l'a nommé le César de la Révolution. Pie VII, qui présidait alors les destinées de l'Église, avait signé avec lui un traité de paix; mais un jour il dut lui répondre le vieux mot des apôtres : *Non possumus*. Ce mot, sur les lèvres d'un homme débile et déjà brisé par les années, étonna César. Dans l'éclair d'une ambition qui n'avait jamais connu rien qui fût impossible, il entrevit toute la force et toute la grandeur du pouvoir spirituel, même en des mains désarmées. Rêvant donc de s'emparer de ce pouvoir, il n'aura plus de repos qu'il n'ait réduit le pape à l'état de vassal; le pape, c'est-à-dire toutes les âmes, toutes les consciences. D'un trait il abroge cette dotation de Charlemagne dont il avait dit lui-même : « Les siècles ont fait cela, et ils ont bien fait. » Il occupe Ancône, confisque le patrimoine de Pierre, déclare Rome ville impériale et libre. Le 10 juin 1809, au bruit du canon, s'élève sur le château Saint-Ange un drapeau dont les couleurs étaient habituées à flotter sur de plus glorieuses victoires. Peu de jours après, dans le silence de la nuit, Pie VII est arraché du Vatican; il bénit Rome une dernière fois et prend la route de l'exil, sans autre richesse que son bréviaire et son crucifix. « Celui qui ne s'inquiète pas de la vie, avait-il dit, s'inquiète encore moins des trésors de la terre. » Le trésor qu'il emporte, c'est la souveraineté des âmes, c'est la divine promesse qui a été faite à Pierre et à ses successeurs.

Après trois ans d'exil dans la ville de Savone, le pape n'est pas vaincu. En face de cette puissance étrange qui ne saurait mourir, qui grandit même par ses abaissements et se fortifie par l'infirmité, Napoléon s'exalte; il commande d'amener Pie VII à Fontainebleau. Voilà donc en présence :

d'un côté, cet homme, maître de l'Europe et « devant qui la terre s'était tue »; de l'autre, un prince sans armées, sans État, épuisé de fatigue et d'âge, à ce point ébranlé sous le regard irrésistible de son ennemi, qu'il semble perdre un instant jusqu'au sentiment du devoir. Ceux qui virent l'aigle impériale, dont le vol hardi tenait depuis quinze ans l'Europe épouvantée, fondre sur cette faible proie, ceux-là purent croire que la papauté avait vécu.

Soudain, tandis que les hommes de peu de foi tremblaient pour l'Église et que les politiques prophétisaient sa mort, sur un ordre émané de l'empereur, le 25 janvier 1813, les portes du palais de Fontainebleau s'ouvrent devant le pape. Que s'est-il donc passé? Pour la première fois, Napoléon a senti vaciller en son cœur la foi à sa toute-puissance, et, scrutant de ce regard qui est propre au génie les destinées prochaines de son nom, il s'est souvenu qu'il y a au ciel un Maître plus grand que tous les maîtres. Éperdu entre les armées alliées qui envahissent la France et le Vicaire du Christ prisonnier, il veut d'abord mettre Dieu en liberté.

La France, toujours hospitalière au droit et à l'infortune, avait salué, dans la majesté de sa douleur, Pie VII découronné et proscrit. Elle l'acclama, au retour, dans l'honneur et la joie de sa victoire. Mais quel contraste, et, en même temps, quelle harmonie providentielle! Hier, à Fontainebleau, Napoléon abdiquait, et ses vieux soldats saluaient en pleurant le grand homme qui descendait mélancoliquement les degrés du palais. Aujourd'hui le pape rentre à Rome, aux applaudissements de son peuple et de tout l'univers. Qui a fait ce prodige? L'intervention de Notre-Dame auxiliatrice. Pie VII le sait, et il associe l'Église à sa reconnaissance. Désormais donc, en ce vingt-quatrième jour du mois de mai, anniversaire de son retour à Rome, les chrétiens, par une fête spéciale, béniront la céleste libératrice.

Désormais, dans toutes leurs épreuves, ils invoqueront Marie, en répétant la parole de Pie VII : « Courage et prière! »

Courage! Nous rêvons quelquefois pour l'Église une ère de prospérité et de repos glorieux. Nous voudrions cesser le combat et déposer nos armes. Mais telles ne sont pas les vues de Dieu sur son Église. La vie de cette société divine, comme celle de l'homme sur la terre, est une bataille dans laquelle les timides tremblent et sont vaincus, tandis que les hommes de cœur et de foi luttent sans défaillance pour conquérir des jours meilleurs, préparer le règne de Jésus-Christ et l'établissement d'une paix féconde : *Tempora bona veniant, pax Christi veniat, regnum Christi veniat!*

Courage et prière! Viennent maintenant de nouvelles épreuves; qu'au déclin de ce siècle, comme à son aurore, le souffle des persécutions passe sur l'Église; que les puissances de ce monde, celles qui sont de tous les âges et celles qui sont aujourd'hui, se liguent contre elle pour entraver sa mission rédemptrice, pour rompre l'antique alliance de l'Évangile avec la civilisation; rien ne pourra jamais ravir aux chrétiens leur invincible confiance. Ils savent et ils n'oublieront plus que Marie est le refuge à l'heure des tempêtes. D'un même mouvement ils se tourneront vers elle, et ils imploreront la Vierge toujours secourable, la douce patronne de l'Église et de la France, la Mère immortelle des âmes.

A CES CAUSES, nous avons ordonné et ordonnons ce qui suit :

### ARTICLE 1er

Sont publiées les faveurs et indulgences suivantes, accordées, sur notre demande, par le Souverain Pontife :

1o La fête de Notre-Dame auxiliatrice, le 24 mai, sera

célébrée désormais, dans notre diocèse, du rite double majeur.

2o Une indulgence plénière sera gagnée le même jour par tous les fidèles qui, confessés et communiés, prieront dans l'église de Notre-Dame de Bonsecours aux intentions du Souverain Pontife.

3o Une indulgence plénière sera gagnée à chaque fête de la sainte Vierge, ou pendant l'octave de celles qui en ont une, par tous les fidèles qui communieront dans l'église de Bonsecours et prieront aux intentions ordinaires.

4o Une indulgence de 7 ans et 7 quarantaines est accordée dans les mêmes circonstances aux personnes qui, sans avoir communié, prieront dans cette église.

5o Une indulgence de 3 ans et 3 quarantaines est accordée aux personnes qui prieront au pied de la croix du cimetière de Bonsecours.

6° Tout prêtre venant en pèlerinage à Bonsecours pourra y célébrer la messe de Notre-Dame auxiliatrice, *ritu votivo,* une seule fois, quelle que soit la fête occurrente, excepté les fêtes du rite double de 1re et 2e classe, les fêtes de la sainte Vierge, les fêtes d'obligation, les féries, vigiles et octaves privilégiées.

7o Tout prêtre célébrant la messe dans l'église de Bonsecours y jouira de la faveur personnelle de l'autel privilégié.

Toutes les indulgences énoncées ci-dessus sont applicables aux âmes du purgatoire.

### Art. 2

Le 19 mai, à midi, il y aura une sonnerie générale de toutes les cloches de la ville de Rouen.

### Art. 3

Le jour de la Pentecôte, immédiatement avant le salut, on lira en chaire la consécration à la sainte Vierge. On chantera au salut le *Te Deum,* avec le verset et l'oraison d'usage.

Et sera notre présente lettre pastorale lue et publiée dans toutes les églises et chapelles de notre diocèse, le dimanche qui en suivra la réception. MM. les curés pourront en partager la lecture en deux ou trois fois, pourvu qu'elle ne se prolonge pas au delà du dimanche 17 mai.

Donné à Rouen, sous notre seing, le sceau de nos armes et le contreseing du secrétaire général de l'archevêché, le 1ᵉʳ mai 1885, fête de saint Philippe et de saint Jacques, apôtres.

✝ LÉON, ARCHEVÊQUE DE ROUEN.

Par mandement de Mᵍʳ l'archevêque :

ANSSELIN, *chan., secr. gén.*

———

### ACTE DE CONSÉCRATION A LA SAINTE VIERGE

O Marie, ô Notre-Dame de Bonsecours, notre protectrice et notre mère, nous venons vous consacrer nos personnes, nos familles, notre patrie. Cette consécration, nos pères l'ont faite dans les élans de leur amour; le diocèse de Rouen la renouvelle aujourd'hui par un acte solennel.

O pieuse, ô aimable Marie, répandez vos miséricordes sur la nation française, qui vous a de tout temps reconnue pour sa patronne. Convertissez son peuple, fortifiez sa foi, gardez ses mœurs, et rendez-la digne de sa glorieuse mission de fille aînée de l'Église et de soldat du Christ.

Veillez sur ce diocèse, où vous êtes si tendrement aimée; parlez à Jésus, ô vous, son admirable Mère, qui possédez

ÉGLISE DE BONSECOURS. Vue intérieure prise du grand portail.

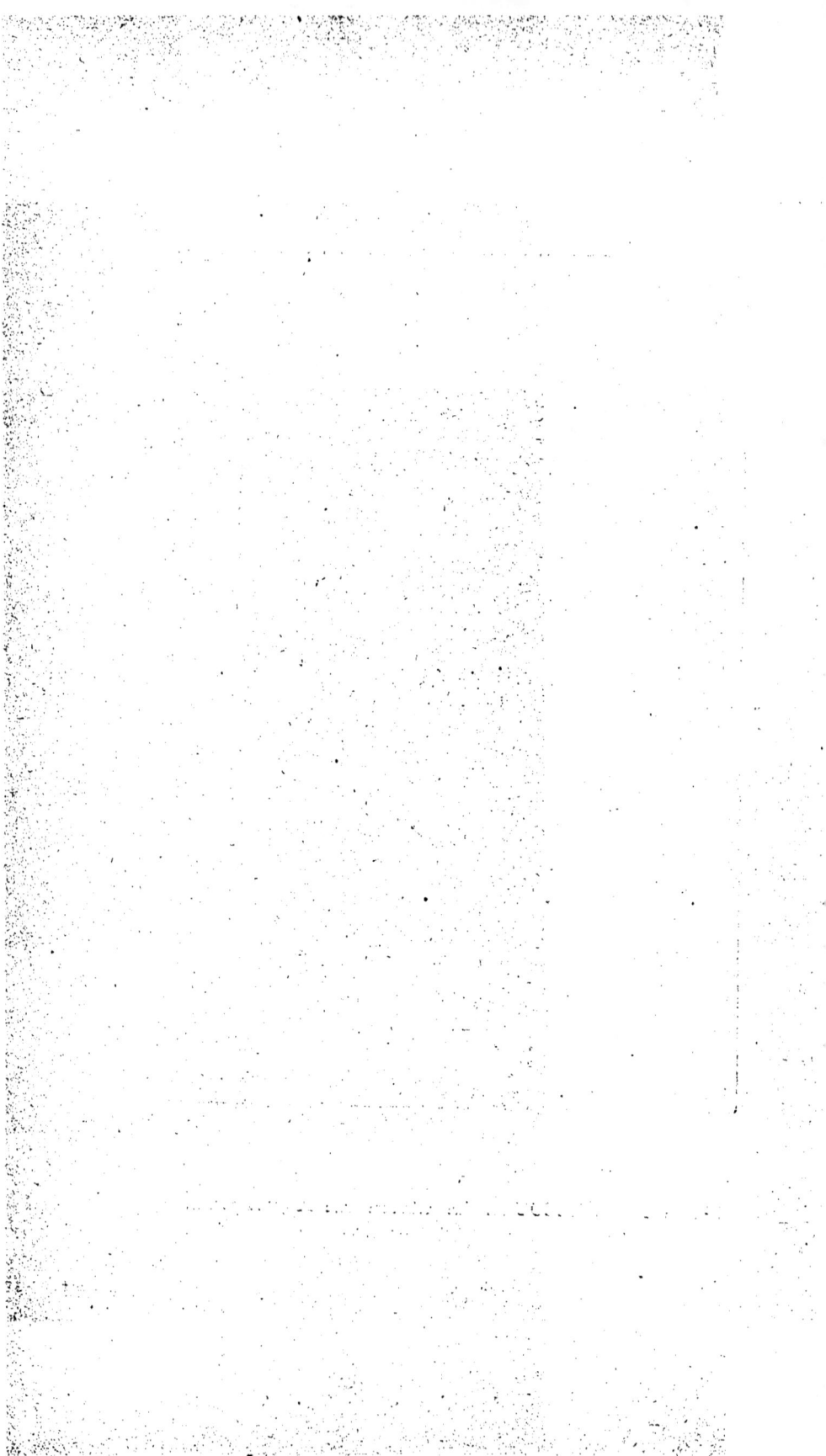

son cœur. Ayez pitié de nos faiblesses et de nos misères. Consolez les affligés, secourez les malades, les pauvres, les vieillards, les orphelins. Faites-nous sentir votre bonté dans toutes les épreuves de la vie, et assistez-nous à l'heure de la mort.

O Marie, rappelez-vous que nous sommes vos enfants, et montrez-vous toujours notre Mère ici-bas et au ciel. Ainsi soit-il.

Racontons maintenant la fête elle-même, pour la consolation et l'édification des âmes.

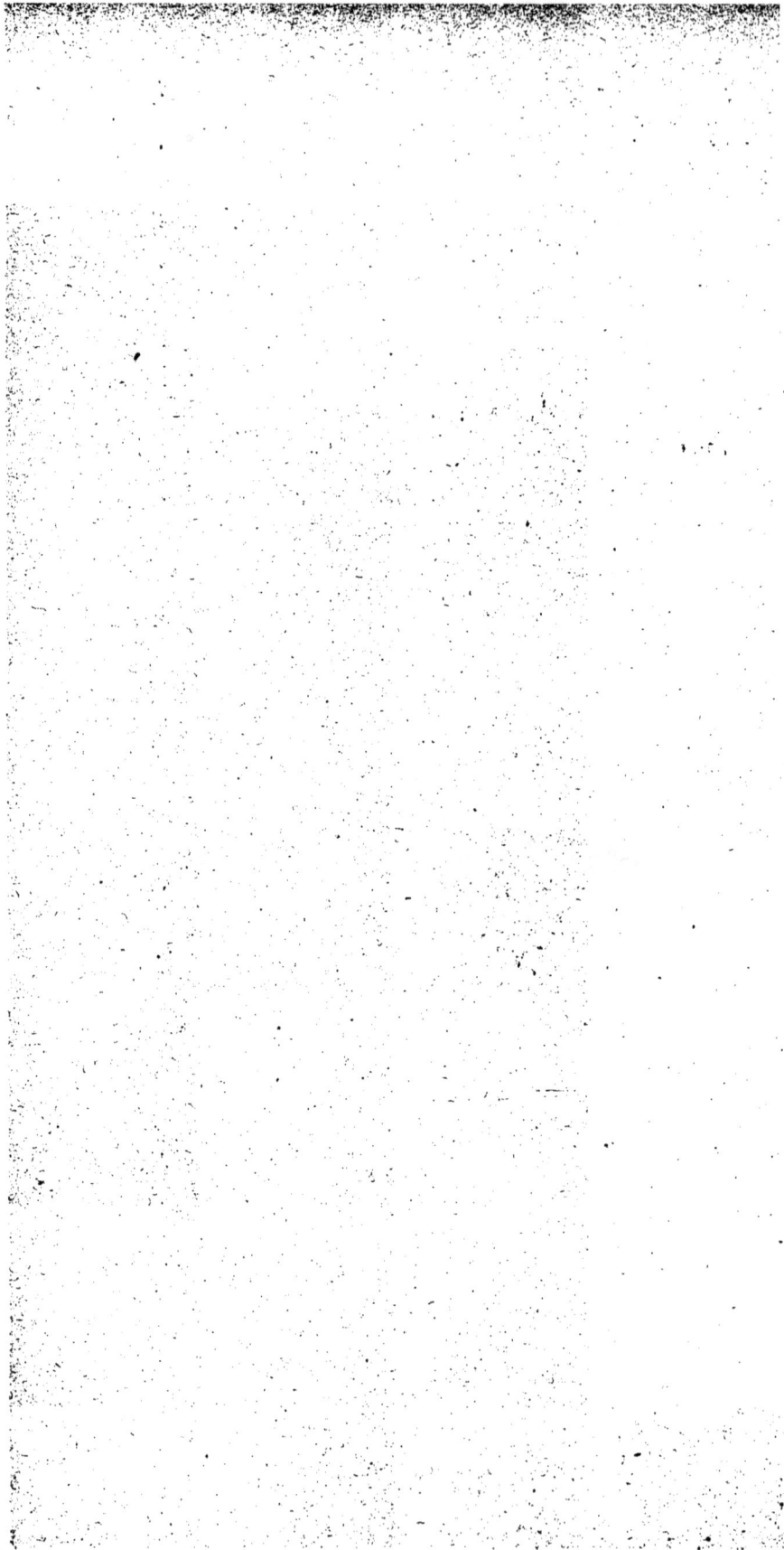

# CHAPITRE VII

LA FÊTE DU 19 MAI 1885

OTRE belle et douce église de Notre-Dame de Bonsecours a reçu, le 19 mai 1885, l'honneur de la consécration, et la solennité qui a accompagné ce grand acte religieux a été digne de la piété de nos populations et de nos glorieuses traditions. Toute parole est languissante devant ces cérémonies, où la foi de tout un peuple fait pâlir même les plus éclatants détails, et s'élève à la hauteur d'une manifestation nationale. Si l'on peut rendre l'ordonnance d'un cortège ou l'accomplissement des rites sacrés, on ne peut pas décrire l'élan qui s'empare des foules, le saint enthousiasme qui enflamme les cœurs, ce souffle surhumain qui soulève en même temps des milliers de poitrines et les fait battre pour les plus grandes choses qui soient en ce monde : la religion et la patrie. Ce spectacle nous a été donné à Bonsecours. La divine Mère du Christ Notre-Seigneur y a reçu un de ces triomphes qui marquent dans les fastes d'un pays, et le

souvenir de la France, dont elle est la reine, y a été étroitement associé.

Ce triomphe a été conduit par le représentant de l'autorité
le plus auguste qu'il y ait sur la terre, le nonce du grand
pape Léon XIII, par notre archevêque et les pontifes qui
l'entouraient; il a eu pour acteurs et pour témoins quarante
mille personnes de tout âge, de toute condition, ayant au
cœur la même foi, le même amour. L'émotion que nous
avons ressentie se traduirait plus volontiers par une hymne
d'actions de grâces que par des descriptions; mais il faut
écrire et raconter, mais il faut perpétuer, autant qu'il est possible, le souvenir de cette belle et grande journée, selon le
précepte de nos saintes Lettres : « Que ces choses soient écrites
pour les générations futures, afin que le peuple qui viendra
après nous, lui aussi, loue le Seigneur : » *Scribantur hæc*
*in generatione altera, et populus qui creabitur laudabit*
*Dominum.*


I


-- La paroisse de Bonsecours était belle à voir sous sa parure
de fête, et le spectacle qui frappait le premier les yeux, au
matin de ce beau jour, était cette manifestation de l'allégresse
publique; des mâts et des oriflammes, dès l'entrée de la
route, des drapeaux aux couleurs nationales, aux couleurs
du Saint-Siège et de Marie; à toutes les maisons, de place
en place, des décorations symboliques où, au milieu de
gracieux encadrements de feuillages et de fleurs, on admi-
rait des écussons, des attribus variés, des inscriptions à la
gloire de Marie. On rencontre bientôt des arcs de triomphe
d'une décoration sobre et digne, à l'aspect monumental; ils
s'échelonnent ainsi depuis le commencement de la paroisse

jusqu'à son extrémité, sur tout le parcours que devront suivre les processions. Ils portent au sommet les armes du souverain pontife Léon XIII, celles de M$^{gr}$ le nonce apostolique, celles de M$^{gr}$ l'archevêque de Rouen et des prélats présents à la fête, et, dans leurs ornements et leurs légendes, ils rappellent les bienfaits de la Vierge aimée, et la dévotion de la population normande.

Le temps le plus propice a favorisé cette grande journée. Le soleil l'a éclairée à propos de ses rayons joyeux, et le ciel, voilé l'après-midi, est demeuré d'une sérénité providentielle. Nous gravissons dès la première heure la sainte montagne, et déjà les flots de pèlerins se dirigent vers le sanctuaire.

Les belles et imposantes cérémonies de la consécration commencent à sept heures trois quarts, dans la chapelle de la maison de retraite, où ont été conservées depuis la veille les saintes reliques et la châsse de la sainte Vierge de l'église métropolitaine. Cette chapelle est elle-même un sanctuaire d'une grâce exquise. Tout étincelante de lumières et parée de fleurs, elle a offert aux saintes reliques un reposoir digne d'elles, où elles ont été, la nuit, entourées d'une garde d'honneur. C'est là qu'on a fait, dans la prière, la veillée du grand jour.

S. Exc. M$^{gr}$ le nonce apostolique, M$^{gr}$ l'archevêque de Rouen, M$^{gr}$ l'archevêque de Cambrai, M$^{gr}$ l'évêque d'Évreux, M$^{gr}$ l'évêque d'Hiéropolis, M$^{gr}$ l'évêque de Séez, sont dans la chapelle, entourés des chanoines, des prêtres et des clercs, et commencent les prières et les psaumes de la pénitence.

Disons tout de suite l'impression profonde et sympathique produite sur tous par S. Exc. M$^{gr}$ le nonce apostolique. Depuis sept heures du matin jusqu'à une heure, M$^{gr}$ le nonce présidera aux cérémonies si multiples et si longues de la consécration avec une aisance, une dignité, une connais-

sance parfaite des rubriques et du chant ecclésiastique, qui
ont ajouté à la solennité et à la beauté de la fonction pontificale. S. Exc. M^{gr} di Rende, archevêque de Bénévent, est
jeune encore; il a une physionomie fine, grave et belle, une
figure de race. Toute sa personne est empreinte de la plus
haute distinction. Il est dans les fonctions pontificales comme
dans son élément, tant il met de dignité et de grâce à les
accomplir, et de fidélité à en observer ponctuellement les
moindres dispositions.

Les premières prières terminées dans la chapelle des
reliques, on se dirige en silence vers l'église de Notre-Dame
de Bonsecours, close depuis la veille, image du ciel fermé
avant la venue du Sauveur, fermé aussi pour l'âme où la
grâce de Dieu n'habite pas.

Le cortège pontifical est en présence de la belle et chère
église, qui attend l'honneur de la consécration. Qu'elle était
touchante, cette vision de Notre-Dame de Bonsecours,
à cette heure matinale! C'est la grande et riche Normandie
qui est au pied de Marie, sa patronne. Elle est représentée,
sur la sainte montagne, par la multitude immense de ses
enfants accourus pour accompagner le triomphe de leur
reine et de leur mère.

L'église de Bonsecours est parée comme une royale fiancée.
A son clocher, sur ses pyramides, tout le long de la galerie,
flottent des banderoles aux couleurs bleue et blanche. Elle
a attendu pendant près d'un demi-siècle l'honneur qui lui
est réservé. Voici l'heure arrivée, les rites sacrés commencent. On chante les litanies des saints; on les appelle
tous les uns après les autres, les apôtres, les martyrs, les
confesseurs, les vierges et tous les chœurs des anges et des
élus, à la joie de cette fête. S. Exc. M^{gr} le nonce fait la triple
aspersion des murs extérieurs, avec ces paroles qui rappellent, au milieu d'un silence solennel, que tout a été fait

dans le monde par l'adorable Trinité : « Au nom du Père, du Fils, et du Saint-Esprit. » Chaque fois que l'un des trois tours de l'église est terminé, le consécrateur s'approche de la porte, la frappe de sa crosse, et prononce ces belles et éloquentes paroles : « Ouvrez-vous, ô portes éternelles, ouvrez-vous, afin que le Roi de gloire entre dans son domaine ! » Et, de l'intérieur de l'église, une voix répond, la voix du diacre : « Quel est-il, ce Roi de gloire ? » Et le consécrateur reprend : « C'est le Seigneur, le fort, le puissant ; c'est lui qui est le Roi de gloire. »

Trois fois ce sublime dialogue a ému l'assistance. Enfin la grande porte s'ouvre. Le consécrateur pénètre dans l'enceinte sacrée. Les prêtres et les fidèles ne peuvent encore franchir le seuil de l'église, qui attend sa consécration intérieure.

## II

L'église est déserte et silencieuse ; les autels sont dépouillés : nulle lumière, nul signe de vie. Cette solitude symbolise l'attente du Messie dans le monde antique, et, dans le Nouveau Testament, les trente ans de la vie cachée du Sauveur. Le prélat consécrateur procède aux cérémonies intérieures : elles sont saisissantes et instructives ces prières, ces purifications, ces aspersions qui se succèdent et que nous ne pouvons même énumérer en ce rapide compte rendu. Nous remarquons ce rite mystérieux plein de grandeur et d'enseignement : le pontife trace avec sa crosse, sur deux lignes de cendre, en forme de croix de Saint-André, qui se prolongent d'une extrémité à l'autre de la nef principale, les lettres de l'alphabet grec et de l'alphabet latin, les deux grandes langues parlées dans l'histoire universelle.

L'Église est vraiment la source et la mère de tout enseignement ; c'est elle qui apprend à l'humanité la vraie science,
c'est elle aussi que les plus beaux génies ont glorifiée dans
cet idiome harmonieux de la Grèce qui a retrouvé des accents
nouveaux sur les lèvres des Chrysostome et des Grégoire de
Nazianze, et dans cette forte et magistrale langue latine
devenue sa propre langue. Après ce rite, voici les aspersions,
avec l'eau grégorienne, des autels, des murailles intérieures,
du pavé et des points cardinaux. Le temple est suffisamment
purifié, on peut y introduire les reliques des saints. Le cortège pontifical se forme et se rend à la maison de retraite
pour y prendre les précieux dépôts.

Il est neuf heures et demie du matin. La foule, qui est
accourue de tous les points et attend patiemment autour
de l'église, voit apparaître avec bonheur la première procession. Elle se dirige en bel ordre vers le sanctuaire de la
maison de retraite. Là quatre prêtres, en chasuble rouge,
chargent sur leurs épaules les reliques sacrées renfermées
dans la châsse de la sainte Vierge de l'église métropolitaine,
et entourées de lumières. Et le cortège, grossi de tous les
prêtres qu'ont amenés à Rouen les trains du matin, traverse
les rangs pressés des fidèles et se rend sur le parvis de
l'église. On s'arrête un instant. M$^{gr}$ le nonce, selon les pres-
criptions sacrées du rituel, s'adresse à la foule et lui fait une
courte exhortation sur le respect dû aux temples sacrés. Il
avertit de prier pour ceux qui ont bâti l'église et qui en ont
demandé la consécration, et il leur accorde une participation
à toutes les œuvres de piété qui s'y feront.

Tout le clergé prend place dans l'enceinte sacrée. NN. SS.
les archevêques et évêques sont au seuil de l'église. M. Milliard, curé de Notre-Dame de Bonsecours, reçoit, avec les
cérémonies usitées, M$^{gr}$ le nonce apostolique et lui rend les
honneurs, ainsi qu'à NN. SS. les archevêques et évêques ; il

adresse au pontife consécrateur et aux prélats l'allocution suivante :

« EXCELLENCE, MESSEIGNEURS,

« Nous lisons dans la sainte Écriture qu'après la dédicace du temple de Jérusalem, le Seigneur daigna se révéler au prince qui, fidèle à sa mission, avait accompli cette grande œuvre, et lui parla en ces termes : 

« J'ai choisi et j'ai sanctifié ce lieu, afin que mon nom « y soit éternellement honoré, et que mes yeux et mon « cœur s'y complaisent tous les jours. » *Elegi et sanctificavi locum istum.*

« De telles paroles ne peuvent s'appliquer uniquement au sanctuaire de l'antique alliance : elles annoncent une réalité plus haute; elles désignent la sainte Église et ses destinées immortelles.

« Il nous est donc permis de les mettre dans la bouche de la très sainte Vierge. La Mère de Jésus ne remplit-elle pas, avec son divin Fils, tout l'Ancien Testament? N'est-elle pas, après lui et comme l'Église, l'objet de tant d'admirables figures et de mystérieuses prophéties?

« Oui, en ce jour à jamais mémorable, la Vierge de Bon-secours nous redit ces paroles inspirées : « J'ai choisi et j'ai « sanctifié ce lieu. » *Elegi et sanctificavi locum istum.*

« Elle l'a choisi, c'est le glorieux témoignage de votre histoire.

« En effet, suivant une tradition aussi vieille que nos origines chrétiennes, notre illustre saint Mellon aurait miracu-leusement inauguré, au pied de cette montagne, le triomphe du Christ sur l'idolâtrie. C'est ainsi qu'était préparé le lieu d'où Marie voulait bénir le peuple normand et la grande cité confiée à sa garde.

« Les fidèles ont deviné la pensée de leur Mère; depuis plusieurs siècles ils accourent en foule au sommet de la sainte colline, et leur confiance, sans cesse affermie par de nouveaux bienfaits, salue la divine Vierge du nom si populaire et si doux de Notre-Dame de Bonsecours. *Elegi locum istum, ut sit nomen meum ibi.*

« Mais l'heure était venue où l'humble chapelle n'allait plus paraître digne des bienfaits de la Mère et de la reconnaissance des enfants. Marie suscita, pour lui bâtir un temple, un nouveau Salomon.

« Celui-là n'avait point à sa disposition des trésors amassés par un autre David; mais à un esprit large, à un cœur énergique, le vénérable abbé Godefroy joignait une invincible confiance dans la protection de la sainte Vierge. Le succès de son œuvre fut un miracle permanent de vingt années. Notre-Dame de Bonsecours affirmait par là que notre montagne était bien le lieu de son choix et de sa prédilection. *Elegi locum istum.*

« Que manquait-il donc à cette église, toute belle dans sa parure de fiancée, et toute brillante des splendeurs de l'art chrétien?

« Le prince de Croy avait jeté dans ses fondements une bénédiction féconde; nos premiers pasteurs y avaient souvent conduit leur peuple; enfin, il y a cinq ans, le cardinal de Bonnechose avait posé sur la tête de la statue miraculeuse une magnifique couronne.

« Il convenait cependant d'ajouter à toutes ces gloires l'honneur suprême de la consécration. Cet honneur, notre sanctuaire va le recevoir en votre présence, Monseigneur, et avec votre concours.

« Monseigneur, c'est à Votre Excellence que nous adressons d'abord l'hommage de notre respect et de notre reconnaissance. Oubliant les sollicitudes de votre haute mission, vous avez répondu avec un gracieux empressement à l'appel de notre archevêque bien-aimé. Votre Excellence connaît son inviolable attachement au Saint-Siège, sa piété filiale envers la personne de Léon XIII, et nous savons quels sentiments il professe pour celui qui représente le pontife romain dans notre patrie, et qui relève, par la distinction et le charme de ses qualités, les augustes fonctions dont il est investi. En consacrant l'église de la Vierge auxiliatrice, vous augmentez l'éclat de notre grande solennité, vous la rendez plus chère à nos cœurs.

« Qu'il nous soit permis, Monseigneur, de vous offrir, à vous aussi, le tribut de nos remerciements et de notre gratitude. Au début de votre épiscopat, vous réalisez l'un de nos vœux les plus ardents, vous renouvelez un spectacle dont notre pays n'a pas été le témoin depuis plus d'un demi-siècle. La consécration du diocèse de Rouen au sacré Cœur de Jésus et la dédicace de ce temple, voilà deux grands actes dont le souvenir restera vivant dans les annales de notre glorieuse histoire.

« Nous vous remercions, Messeigneurs, d'être venus jusqu'à nous. Votre présence, si douce à notre vénéré pontife, est pour tous les fidèles de cette paroisse et de ce diocèse un honneur, une joie, une précieuse consolation.

« Et comment exprimer les sentiments que notre cœur éprouve, en recevant aujourd'hui le prélat que tant de liens attachent à notre diocèse, et qui partout a laissé le souvenir de sa bonté? Nous n'attendions pas moins du successeur de Fénelon, de sa tendre dévotion à Notre-Dame de Bon-secours, de son filial dévouement à la mémoire de Mgr Blanquart de Bailleul.

« Et maintenant, Messeigneurs, n'avons-nous pas le droit de redire encore les paroles de la très sainte Vierge : « J'ai « choisi et sanctifié ce lieu; mon nom y sera plus que jamais

« en honneur ; et, pour y perpétuer les grâces de la consé-
« cration, mes yeux se reposeront sur mes serviteurs avec
« une nouvelle complaisance, mon cœur sera plus près de
« vous? » *Elegi et sanctificavi locum istum, ut sit nomen
meum ibi in sempiternum, ut permaneant oculi mei et cor
meum ibi, cunctis diebus.* »

M^{gr} le nonce répond, avec le plus gracieux à-propos
et dans le plus beau langage, qu'il est heureux de venir
consacrer cette admirable église de Notre-Dame de Bonsecours, œuvre d'une grande foi et de la piété la plus
généreuse, et de donner ainsi au diocèse de Rouen, si re-
nommé pour sa fidélité à la religion, et au pasteur vénéré
que Dieu a placé à sa tête, un témoignage de l'affection du
Souverain Pontife et de ses propres sentiments. Il priera
avec ferveur la sainte Vierge Marie de répandre ses secours
les plus abondants sur la France, la fille aînée de l'Église,
sur le clergé et le peuple de Rouen, sur le digne et zélé
curé de Bonsecours, et sur tous les fidèles accourus à cette
magnifique solennité.

Le cortège pontifical entre dans l'église aux accents joyeux
des cloches et aux brillantes harmonies du grand orgue. On
laisse pénétrer dans l'église les fidèles, autant du moins que
les places laissées libres le permettent. On remarque aux
premiers rangs les bienfaiteurs de l'église, la sœur du vénérable fondateur, M. l'abbé Godefroy, et les personnes notables invitées par M^{gr} l'archevêque.

La consécration des autels commence. C'est le moment
solennel de la cérémonie, que toutes les prières et purifications antérieures ont préparé. L'autel, c'est l'âme de l'Église.
Si le temple est la figure du ciel, l'autel rappelle et renferme
Notre-Seigneur Jésus-Christ. Aussi pour consacrer l'autel,
la liturgie a mis en œuvre ses rites les plus touchants, ses

ÉGLISE DE BONSECOURS. Bas-relief et bénitier (côté de l'Epitre).

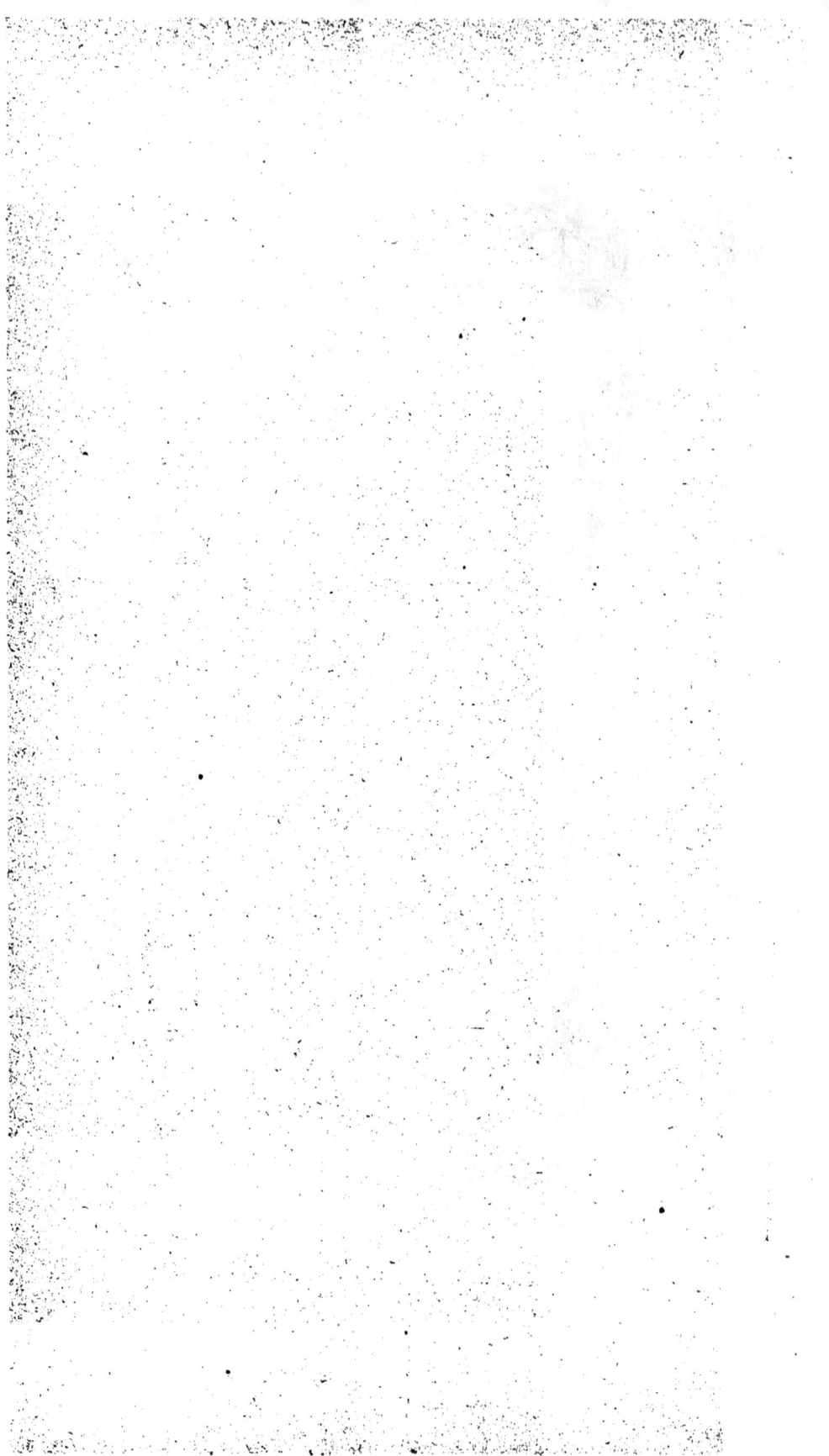

prières les plus expressives et les plus pénétrantes. Elle fait succéder les invocations, les psaumes, les supplications les plus tendres, les plus poétiques et les plus éloquentes. A ces incomparables prières, qu'il faut lire et qu'on ne saurait analyser, viennent s'ajouter les purifications, puis les onctions sacrées, puis les encensements. A un moment l'autel resplendit des feux allumés, image des sacrifices de la loi antique, image de la charité infinie qui renouvellera désormais sur cet autel le sacrifice par excellence de l'amour de Dieu envers les hommes.

C'est Mgr le nonce qui consacre le maître autel de Notre-Dame de Bonsecours; Mgr l'archevêque de Cambrai, le vénéré et bien-aimé Mgr Hasley, consacre l'autel de la Sainte-Vierge, cet autel privilégié où tant de fois, dans les jours de sa jeunesse, il est venu prier, où il a accompagné le saint archevêque, Mgr Blanquart de Bailleul, où il a offert lui-même comme prêtre, et bien des fois, l'auguste sacrifice. Quels souvenirs pour sa foi! quelles douces émotions pour son cœur! Aussi sa figure douce et pâle est toute rayonnante de piété et de sainte joie.

Mgr Grolleau, évêque d'Évreux, qui partageait toujours si fidèlement nos joies et nos douleurs, a consacré l'autel de Saint-Joseph.

Mgr le nonce a fait ensuite les onctions du saint chrême sur les douze croix des colonnes de l'église, figures des douze apôtres, colonnes de la société chrétienne. Il était près de midi quand la consécration intérieure a pris fin. Alors commence la grand'messe, célébrée pontificalement par S. Exc. Mgr di Rende.

Mgr l'archevêque de Rouen occupait un trône du côté de l'Épître.

Mgr l'archevêque de Cambrai, Mgr d'Évreux, Mgr d'Hiéropolis et Mgr de Séez, en chape et en mitre, étaient placés dans le chœur, selon leur rang, entourés de leurs prêtres assistants et de leur chapelle.

Toutes les pompes de notre liturgie sont déployées pour l'office pontifical. De son côté, la maîtrise métropolitaine, augmentée d'un chœur nombreux et accompagnée par un orchestre excellent, a exécuté d'une façon magistrale la messe solennelle de Sainte-Cécile, de Gounod. La sonorité de l'église a fait valoir admirablement tous les détails de cette œuvre élevée, brillante et d'une grâce virginale. L'*Ave Maria,* composé sur l'immortel prélude de Bach, par Gounod, pour violon, violoncelle, harpe et orgue, a remplacé l'*Alleluia.* Après l'Évangile a éclaté le chant du *Credo,* répété par tous les prêtres et les fidèles qui remplissaient l'église. On ne peut rien imaginer de plus imposant, de plus religieux. Tout le monde, emporté par l'élan de la solennité, chantait avec âme le grand symbole de la foi, en présence du représentant de Jésus-Christ, et donnait à la sublime et simple mélopée une expression que nous avons rarement entendue si parfaite et si puissante.

A la fin de la messe, l'orchestre et les chœurs ont enlevé le *Laudate Dominum,* de Charles Lenepveu, dont les triomphales acclamations convenaient si bien à cette heure et à cette solennité.


## III


L'après-midi était consacré à la cérémonie populaire, au triomphe de Marie au milieu de ses enfants.

Avant la réunion à l'église, S. Exc. Mgr le nonce, entouré de Mgr l'archevêque de Rouen, de Mgr l'archevêque de Cambrai et de NN. SS. les évêques, a reçu, au presbytère de Notre-Dame de Bonsecours, M. le maire, le conseil municipal et

les autorités présentes à Bonsecours. M. Le Bourgeois, chevalier de la Légion d'honneur et maire de Bonsecours,
a présenté à Son Excellence, en quelques mots pleins de
courtoisie et de déférence, ses hommages et ceux de son
conseil, et s'est fait le digne interprète des sentiments de la
population.

M<sup>gr</sup> le nonce a répondu avec autant de délicatesse que
d'à-propos dans les termes suivants :

« MONSIEUR LE MAIRE,

« Je vous remercie des témoignages de respect et d'attachement que vous voulez bien donner, en ma personne, au
Siège apostolique. En retour, je vous exprime toute ma joie
de me trouver parmi vous ; car il existe entre la Normandie
et Naples, mon berceau, des liens que ni le temps ni les
révolutions politiques n'ont pu rompre.

« Nous sommes une de vos conquêtes, vous le savez ; et
vos pères, les Normands, ont laissé sur nous l'empreinte de
leur génie. C'est à eux que nous devons la mâle fierté de nos
Calabres, l'ardente impétuosité de toute la région, les plus
beaux de nos monuments. En contemplant tout à l'heure
votre sanctuaire, aussi pur de style qu'éclatant de richesses,
je songeais aux basiliques de ma patrie : une même pensée,
une même foi, un même art, les a conçues et enfantées. Votre
langue aussi a laissé sa trace parmi nous. Près de Bénévent,
ma ville épiscopale, une petite colonie est demeurée normande de mœurs et de souvenirs : on y parle encore l'italien
*à la normande.*

« Mais, outre cette joie de retrouver ici un pays connu et
aimé, j'en éprouve une autre et plus intime et plus noble,
qui émeut mon âme de prêtre : c'est de voir dans votre
Normandie la vie commerciale, industrielle, maritime, jointe

à une vive foi et croissant avec elle. Par là, Messieurs, vous montrez à quel point la loi du Christ est féconde, même pour la vie présente. Nul spectacle plus doux et plus consolant ne peut être offert au représentant du Vicaire de Jésus-Christ parmi vous. »

A quatre heures, la procession s'est mise en marche pour conduire à l'église NN. SS. les archevêques et évêques. Un cantique à la sainte Vierge, dont la musique a été composée par Gounod, a ouvert la cérémonie du soir.

M$^{gr}$ l'archevêque de Rouen est monté en chaire, et s'est fait le digne orateur de cette grande journée. Prévenu au dernier moment que le prélat qu'il avait convié à remplir cette mission se trouvait empêché, Monseigneur n'a pas hésité à parler à son peuple. Sa Grandeur semblait avoir tout dit sur la sainte Vierge dans son mandement ; elle a pu ajouter encore à l'expression de sa foi et de sa piété, en empruntant à Marie son cantique d'actions de grâces, le *Magnificat,* dont Monseigneur a commenté, avec sa chaude éloquence, les pensées et les versets.

Il est cinq heures, et la procession extérieure s'organise. Les cloches l'annoncent par leur joyeux carillon, les boîtes d'artillerie saluent bientôt la croix qui apparaît.

La foule est massée sur la place et les champs voisins de l'église ; sur tout le parcours de deux kilomètres, une foule immense, recueillie, sympathique, évaluée à quarante mille personnes. Un silence solennel s'établit, l'ordre est parfait et tout volontaire ; car, pour toute cette multitude chrétienne, aucun service de police n'a été organisé ni n'était nécessaire. Le ciel, quoique voilé, est d'une sérénité radieuse. Il avait plu la veille, il pleuvra le lendemain ; mais il est manifeste que la sainte Vierge accorde, aux prières de ses enfants, un temps fait à souhait.

Les longues files du cortège partent de l'église et observent l'ordre que nous avons décrit précédemment, dans la cérémonie du couronnement.

On comptait au moins deux cents prêtres du diocèse; la châsse de la sainte Vierge de la métropole était portée par les clercs au milieu des chanoines titulaires; puis venait la statue de Notre-Dame de Bonsecours, portant la brillante parure et les insignes du grand jour du couronnement.

A sa vue, comme en 1880, tous les fronts s'illuminent, tous les yeux sont attendris : « Qu'elle est belle, notre vierge! qu'elle est douce ! » Les prières montent aux lèvres, et les larmes aux yeux. C'est une admiration ininterrompue, un attendrissement sans cesse répété pendant les deux heures de la marche triomphale. On voit là combien la Vierge de Bonsecours est animée et populaire ! Elle est portée sur les épaules de prêtres revêtus de dalmatiques blanches ornées d'or : « Allez, mère; allez, souriante et miséricordieuse, au milieu de vos enfants ! Écoutez les bénédictions du peuple, les louanges du clergé, les supplications des pères, des mères et des enfants ! Sainte Marie, Notre-Dame de Bonsecours, secourez les malheureux, aidez les faibles et les pusillanimes, consolez les affligés, priez pour le peuple, intervenez en faveur du clergé si éprouvé et si méritant, intercédez pour les femmes de France si chrétiennes encore et si dévouées ! » Et elle passe, la douce Vierge au sourire si maternel, escortée de la piété et de la reconnaissance de ses enfants.

Et voici les évêques, le beau et vénérable cortège pontifical : S. G. M^gr Trégaro, évêque de Séez; S. G. M^gr Bellouino, évêque d'Hiéropolis; S. G. M^gr Cortet, évêque de Troyes; S. G. M^gr Grolleau, évêque d'Évreux; S. G. M^gr Hasley, archevêque de Cambrai; S. G. M^gr l'archevêque de Rouen; S. Exc. M^gr le nonce apostolique. Ils ont la mitre en tête, la crosse à la main, et ils portent la chape d'or. Ils sont beaux et vénérables à voir ; ils bénissent la foule, et ils en reçoivent des marques touchantes de respect et de piété filiale.

A la suite des évêques, M. le maire et MM. les membres du conseil municipal, les notables invités et les corporations sans bannière.

C'est ainsi que, pendant près de deux heures, la procession accomplit son long parcours, à travers de nombreux arcs de triomphe, au chant du *Magnificat,* des Litanies et de l'*Ave maris stella,* et aux brillantes fanfares de la musique des Frères et de celle de Mesnil-Esnard, que nous ne pouvons assez remercier du concours qu'elles ont prêté à notre solennité.

De retour à l'église, on chante le salut, et M$^{gr}$ le nonce donne la bénédiction du très saint Sacrement.

Il est sept heures. La foule est restée massée sur la place et les champs voisins de l'église. Les archevêques et évêques sortent du sanctuaire et viennent se ranger sous le grand portail. Alors retentit, comme l'acclamation suprême et le dernier mot de cette auguste solennité, le chant du *Christus vincit ;* ce chant qui est venu jusqu'à nous avec la majesté de douze siècles, accompagnant toutes les grandes manifestations de la foi dans notre longue et glorieuse histoire. Quelle grandeur et quelle éloquence n'emprunte-t-il pas à cette heure solennelle entre toutes, sous le ciel ouvert, devant cette foule recueillie, devant les horizons immenses qui s'ouvrent aux regards, sur ce point élevé de notre pays d'où l'on embrasse une partie même du diocèse et de la Normandie! Hymne de jubilation, salut de la foi, chant de reconnaissance, cantique national, tout est grand et saisissant dans ce chant unique maintenant au monde, et dont Rouen seul a gardé la fidèle et vénérable tradition.

DOGME DE L'IMMACULÉE CONCEPTION

ÉGLISE DE BONSECOURS. Bas-relief et bénitier (côté de l'Evangile).

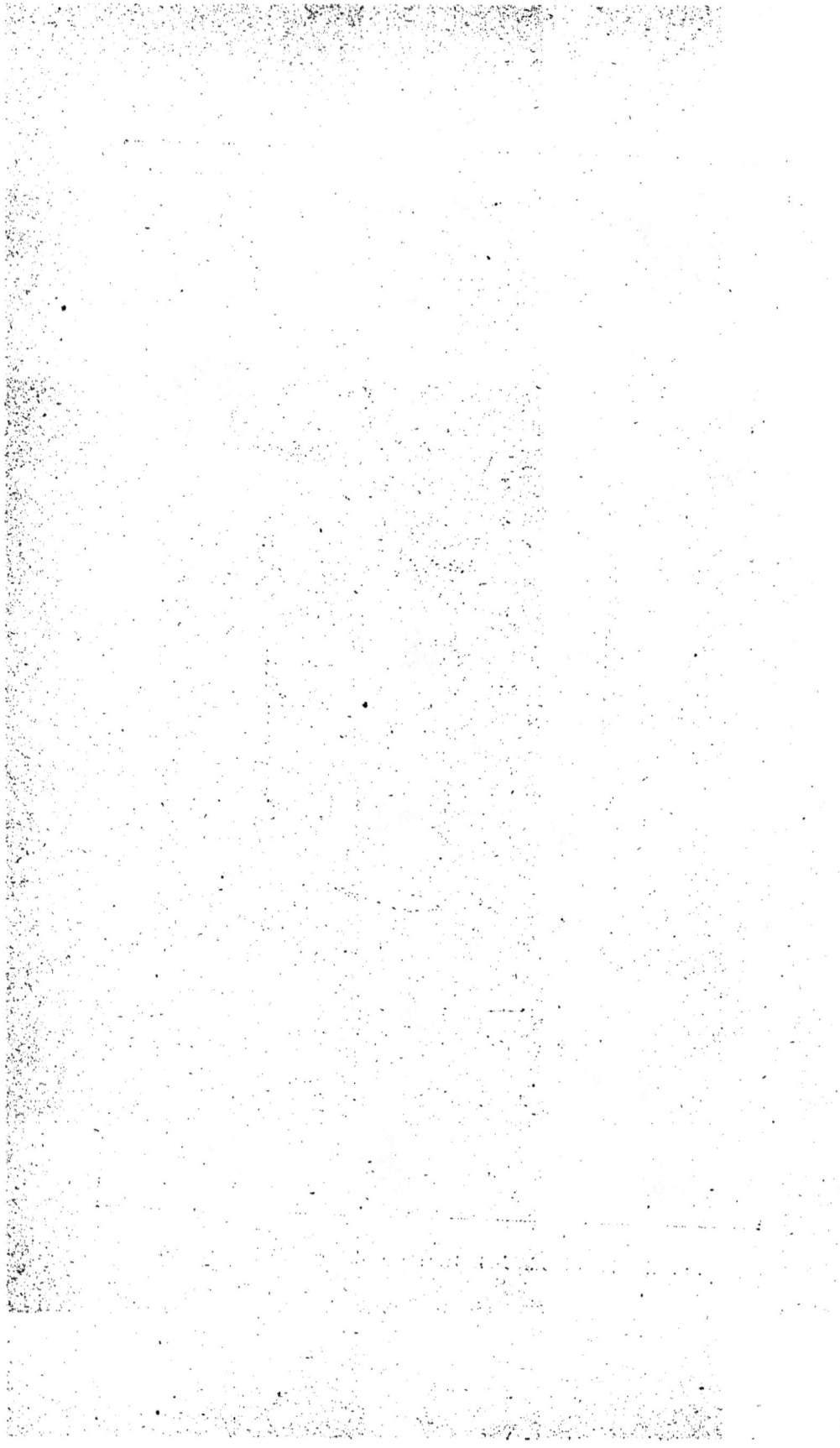

Rappelons les principales acclamations :

ᴄ. ˙stus vincit, Christus regnat, Christus imperat,

chante le chœur ;

Christus vincit, Christus regnat, Christus imperat,

répète la foule, qui renouvelle ici une scène des temps
antiques, en acclamant publiquement, et en plein air, le
Christ notre Sauveur, le Christ qui aime les Francs !

> Leoni, Summo Pontifici et universali Papæ, vita et salus
> perpetua.

On invoque pour lui le Sauveur du monde et saint
Pierre.

> Salvator mundi, tu illum adjuva.
> Sancte Petre, tu illum adjuva.
> Leoni, Rothomagensi archiepiscopo, et omni clero sibi
> commisso, pax, et vita, et salus æterna.
> Sancta Maria, tu illum adjuva.
> Sancte Romane, tu illum adjuva.
> Camillo, archiepiscopo, sanctissimi Papæ inclyto nuntio,
> zelus fidelis, justitia, pax, multi anni, amplissimæ
> gratiæ.
> Sancte Joseph, tu illum adjuva.
> Eduardo, Cameracensi archiepiscopo, et novo gregi sibi
> commisso, prospera vita, æterna memoria.
> Sancte Autberte, tu illum adjuva.

Quand on a chanté cette acclamation, Mᵍʳ Hasley n'a pu
retenir ses larmes, et nous les avons vues couler lentement
sur sa figure attendrie.

> Francisco, Ebroicensi episcopo, Christo, Ecclesiæ et gregi
> addictissimo, supereffluens cœli benedictio.
> Sancte Taurine, tu illum adjuva.
> Petro, Trecensi episcopo, illibata prosperitas, incrementum
> gratiæ, æterna felicitas.

Sancte Urbane, tu illum adjuva,

Præconi fidei, Hierapolitano episcopo; copiosa operum re-
muneratio.

Sancte Francisce Xaveri, tu illum adjuva.

Francisco, Sagiensi episcopo apostolico viro, vita longa, ac
serena Dei fortitudo.

Sancte Latuine, tu illum adjuva.

Christianissimo Francorum populo, pax, et salus, et victoria!

Ces acclamations avaient été ajoutées pour la solennité, et
elles ont précédé les acclamations traditionnelles.

Après ce chant, qui a été la dernière et suprême émotion
de cette grande journée, les sept archevêques et évêques
ont donné ensemble leur bénédiction à la foule.

# CHAPITRE VIII

'ÉGLISE consacrée, la douce Vierge couronnée, toutes les gloires, tous les privilèges
assurés à notre sanctuaire, nous pouvons
fermer ici son histoire extérieure. Quant
à son histoire intime, spirituelle, elle est écrite ès
cœurs des prêtres et des fidèles de ce pays.

On trouve vraiment à Bonsecours, on sent délicieusement
la présence d'une mère. Quand le pèlerin entre dans l'église
et va s'agenouiller devant l'autel, le calme s'établit dans son
âme, la confiance la remplit tout entière. La prière monte
facile et tendre à ses lèvres, il s'épanche comme un enfant
dans le sein de sa mère. Quelle paix autour de lui! quelle
céleste atmosphère! Les bruits du dehors ont cessé, ils
expirent au seuil de ce lieu sacré. C'est l'âme qui se trouve
face à face avec Marie, dans cette heure de recueillement.

Que faut-il pour sauver une âme? Une heure où elle
échappe au tourbillon des affaires et des passions, aux
erreurs du jour, où elle rentre sérieusement en elle-même
et où elle se met en contact avec le monde surnaturel, pour
lequel elle est faite. Vaines pensées d'ici-bas, illusions du
passé, mensonges de l'ambition déçue, des tendresses pro-

fanées, des opinions et des préjugés intéressés, évanouissez-vous ! Laissez l'homme un moment seul avec Dieu et avec celle qu'il aimait à appeler sa mère dans les premières prières de son enfance : toute incrédulité s'évanouit dans la prière. S'il ne vient pas pour lui dans ce pèlerinage, s'il a à recommander un malade chéri, dont les jours sont en danger, une épouse, un enfant, ses supplications seront encore plus ardentes. Tout l'invite à la confiance, à l'abandon.

L'être compatissant auquel il s'adresse, c'est la Mère des cieux. « Cette maternité glorieuse, dit Bossuet, cette alliance éternelle, qu'elle a contractée avec Dieu, la met dans un rang tout singulier qui ne souffre aucune comparaison[1]. » Mère du roi éternel des siècles, elle lui a ouvert par le *fiat* de sa foi sa carrière royale en ce monde; elle a partagé avec lui les travaux, les combats, les souffrances par lesquels il a conquis son royaume de la terre : elle est désormais associée à toutes les conquêtes de ce Roi pacifique; elle participe, dans la mesure du plan divin, aux sollicitudes et aux splendeurs de l'empire de Dieu.

Elle aussi elle est reine, *Domina,* et, comme le proclame le langage universel, Notre-Dame ! la Dame de tous, des petits et des grands, des savants et des ignorants, des peuples et des rois.

Elle est dame, elle est mère surtout. Elle est pour chacun des fils des hommes ce qu'elle a été pour l'Homme-Dieu, cet être sublime et suave qu'on nomme une mère. En enfantant le Christ, elle a enfanté tous ceux qui devaient être régénérés par lui; car les chrétiens sont les membres du Christ et ne forment qu'un seul corps avec lui.

Mère du Chef, elle est mère des membres; elle est à l'origine de toutes les naissances spirituelles, elle sourit à tous

---

[1] Premier sermon sur la Compassion.

les berceaux chrétiens. Aussi Bossuet a pu s'écrier, en célébrant la maternité de Marie : « Associée avec Jésus-Christ à la chaste génération des enfants de la nouvelle alliance, Marie est devenue, par cette union, la vraie mère de tous les vivants, c'est-à-dire de tous les fidèles[1]. »

Mère si tendre, si douce, si compatissante, si éprise des souffrances de ses enfants, si indulgente à leurs faiblesses, si prompte à pardonner, qu'on ne séparera plus son nom de celui de la miséricorde, le plus grand attribut de la bonté divine. C'est par là qu'elle tient aux entrailles de l'humanité, qui l'aime même sans la bien connaître, et qui la chérit d'instinct comme l'enfant au berceau.

Faut-il s'étonner si l'hérésie elle-même l'a chantée par la voix d'un de ses poètes les mieux inspirés ?

« Laisse-toi fléchir, ô ma douce Mère ; donne-moi un signe de ta clémence, tout mon être te demande.

« Et ton sanctuaire n'est-il pas le reposoir de ma vie ?

« Reine sainte, reine trois fois bénie, prends donc mon cœur, prends donc ma vie.

« Souvent, dans mes rêves, je t'ai vue si compatissante, portant sur ton sein un Dieu enfant qui semblait avoir pitié de moi. Marie, je t'ai vue dans mille tableaux ; mais nul ne t'a peinte telle que je t'ai vue dans mon âme. Je sais seulement que, depuis cette apparition divine, le bruit du monde passé autour de moi comme un rêve, et que le ciel est descendu dans mon cœur[2]. »

Que d'âmes, dans le sanctuaire de Bonsecours, ont répété ces tendres exclamations ! Les unes, ébranlées dans leur foi, sont venues demander à la Mère du Christ les saintes croyances de leur jeunesse ; et soudain les illuminations de la grâce

---

[1] Sermon pour la fête du Rosaire.
[2] Novalis.

7*

ont dissipé les doutes de l'esprit et les hésitations du cœur.
D'autres, chancelantes dans la vertu, implorent force et
pardon.

Beaucoup recommandent à la Vierge compatissante leurs
pauvres malades : « Si vous voulez, Mère, vous pouvez
m'obtenir leur guérison. » Et avec quelles larmes, quelles
angoisses, ces cris de détresse sont poussés vers elle! Que de
drames intimes aboutissent à ces prières mêlées de sanglots!
Et que de merveilles, que de miracles répondent à ces appels!

Les milliers de familles qui ont laissé à Bonsecours les
témoignages matériels de leur reconnaissance pourraient
seuls les raconter. Toute l'histoire de ce sanctuaire est dans
cet échange de confiance et de miséricorde, de grâces im-
plorées et obtenues chaque jour et à chaque heure du jour.

Mais cette histoire n'est écrite qu'au ciel.

Salut donc à la montagne bénie, d'où descend pour nous
le secours; salut à cette terre sainte, où se multiplient les
prodiges de la divine bonté; salut à vous, Vierge secourable,
qui faites descendre du sanctuaire, où vous souriez à tous,
les marques sans cesse renouvelées de votre amour!

Perpétuez à travers les siècles, dans ce lieu que vous avez
choisi, votre action maternelle, et que les générations qui
nous suivront ajoutent à ces humbles pages la longue histoire
de leur reconnaissance et de vos bienfaits!

L'abbé JULIEN LOTH

Plomb de pèlerinage (XVIᵉ siècle).

# DESCRIPTION DE L'ÉGLISE

DE

# NOTRE-DAME DE BONSECOURS

———◦◦◦◦———

## CHAPITRE I

LE FONDATEUR — LE PROJET — L'ARCHITECTE — LA SOUSCRIPTION
LA MISE EN ŒUVRE

E fondateur de la célèbre église de Notre-Dame de Bonsecours, M. l'abbé Charles-Victor Godefroy, était né à Falaise, le 4 mai 1799, de Jacques-Henri Godefroy et de Cécile Le Boullenger.

D'abord destiné au commerce, il était venu à Elbeuf dans le but de s'y établir; c'est alors qu'il lia connaissance avec le saint abbé Lefebre, depuis doyen de Darnétal, dont il devait plus tard écrire la vie. Ce digne prêtre eut le mérite de deviner en Victor Godefroy les germes d'une vocation dont l'appelé lui-même ne se doutait pas encore; il l'engagea à prier en songeant à son avenir, et bientôt le jeune fabricant, quittant l'usine et le monde, entrait à Saint-Sulpice, ou plutôt à Issy, et recevait les saints ordres. Promu au sacerdoce en juin 1829, il rentra aussitôt dans le diocèse de Rouen, auquel il voulait s'attacher.

Après un stage assez court, comme vicaire de Darnétal, M. Godefroy fut appelé à la cure de Saint-Léger-du-Bourg-Denis, ou plutôt du Bourdeny, paroisse limitrophe de Blosseville-Bonsecours, et d'une certaine importance déjà, quoique bien moindre qu'aujourd'hui.

L'église de Saint-Léger, construction assez élégante de la fin du xv<sup>e</sup> siècle, était alors presque une ruine : le spectacle de sa misère fut pour le nouveau curé comme un second appel de Dieu; consumé d'un zèle ardent pour la maison du Seigneur, il en entreprit aussitôt la restauration complète, qu'il paya de ses deniers propres.

C'était, hélas! le temps où l'administration municipale de Rouen pouvait se féliciter, comme d'un véritable succès, d'avoir construit cette pauvre église de Saint-Paul, que l'on est présentement si heureux de voir démolir. C'était le temps où des temples comme Notre-Dame-de-Lorette étaient considérés, à Paris, comme l'idéal de la science architecturale appliquée à la religion. M. Godefroy, qui subissait encore l'influence de son époque, fut, comme tant d'autres, l'innocente victime de cet engouement fatal pour le faux style néo-grec; les sommes, relativement énormes, qu'il dépensa pour restaurer l'église de Saint-Léger n'eurent donc pour résultat que d'en empêcher la ruine, mais en la défigurant. Aussi, depuis quelques années, presque toute son œuvre a-t-elle été détruite, au prix d'autant de sacrifices qu'il en avait fallu pour l'accomplir.

Mais le souvenir du bon prêtre qui s'était imposé ces charges n'en est pas moins resté vivant; et il explique suffi-

samment pourquoi, après neuf ans passés à Saint-Léger,
le digne curé, pour qui la quarantaine allait bientôt sonner,
fut appelé, par lettre archiépiscopale en date du 2 juillet 1838,
à desservir l'église de Blosseville-Bonsecours.

Le vénéré prince de Croÿ connaissait la place et l'homme.
Six mois ne s'étaient pas écoulés depuis son installation,
que M. l'abbé Godefroy, se trouvant, comme il l'écrivit plus
tard, « porté à faire quelque chose pour l'honneur de la
Mère de Dieu, » résolut de lui ériger un temple digne de
la célébrité dont son culte jouissait depuis si longtemps
à Blosseville.

Lui-même a raconté, dans des pages pleines de foi, les
débuts de son œuvre et les difficultés qu'il eut à vaincre
tout d'abord :

« Tout en me servant, dit-il, du terrain de l'ancienne
église, que je tenais surtout à conserver, l'espace me
manquait pour la réalisation du plan projeté; il fallait
nécessairement s'agrandir. Une ferme importante avoisi-
nait l'église du côté du sanctuaire, que je voulais prolonger ; je proposai au propriétaire de me céder, à prix
d'argent et au taux qu'il fixerait lui-même, le terrain qui
me manquait. Je me faisais très accommodant; j'offrais
de refaire à mes frais les murs qui environnaient la ferme
de ce côté, murs qu'il me fallait abattre pour m'étendre
sur ce terrain. »

M. Godefroy offrait encore d'indemniser le fermier pour
toute la durée du bail; cependant ses propositions furent
énergiquement repoussées, de manière à lui laisser peu
d'espoir d'arrangement.

C'est alors que se manifeste cette foi puissante, à laquelle
le Seigneur a promis d'accorder tous les miracles. Le pieux

curé, après quelques semaines de réflexion et de prières, descend un jour en ville, muni de son chapelet, qu'il récite jusqu'à la porte du tenace propriétaire. Introduit, il aborde immédiatement la question, la pose nettement et franchement, puis présente à son adversaire, en même temps que l'adhésion du fermier, qui renonçait à toute indemnité, une feuille de papier timbré dont il s'était muni d'avance.

Ému de tant de générosité, ébranlé par tant d'énergie, le propriétaire prend la plume et signe la concession *gratuite* de tout le terrain nécessaire, à la seule condition de reclore la ferme sur ses nouvelles limites. C'était le 22 avril 1839.

· Étonné lui-même d'un succès plus grand qu'il n'eût pu l'espérer, M. Godefroy songe un instant à transporter à Bonsecours l'ancienne église de Saint-Nicolas de Rouen, qu'on lui offre pour 50,000 ou 60,000 francs. Mais, au moment de traiter, il ne trouve pas les moyens de réaliser cette somme. C'était, comme il le vit bientôt, un contretemps providentiel; car, vu l'état de ses pierres, il n'eût pas été possible de reconstruire l'édifice après sa démolition.

Le vaillant bâtisseur se résout à faire du neuf, et tout d'abord se préoccupe du plan: « C'était une immense affaire. A la vérité, au milieu des richesses architecturales qui rendent la Normandie si justement célèbre, on ne pouvait manquer de bons modèles; cependant je me trouvais embarrassé dans le choix : à quel genre m'arrêter? quel style choisir? Quelques avis sages m'inclinaient vers le style ogival du xiiie siècle, comme le plus pur et le plus simple à la fois; cependant je n'étais pas encore décidé. »

C'est qu'en effet, bien que la lutte fût dès lors entamée en faveur du style gothique, et malgré l'appoint apporté par la jeune école littéraire qui se glorifiait du nom de romantique, l'influence du moyen âge n'avait pas encore prévalu. La victoire cependant paraissait assurée, depuis la publication des admirables articles de M. de Montalembert sur le *Vandalisme* (1838-1839) et des brochures où le jeune pair de France avait placé en regard la gravure de la Sainte-Chapelle et celle de l'église Notre-Dame-de-Lorette, récemment édifiée par M. Hippolyte Le Bas, membre de l'Institut.

« Pendant ce laborieux enfantement, continue M. Godefroy, je voyageais, j'examinais, je prenais des dimensions et des notes, je m'inspirais de tout ce que je rencontrais. On a tant peur de ne pas réaliser une œuvre qui puisse répondre aux besoins du présent et aux nécessités de l'avenir, qu'il semble avec raison qu'on ne puisse prendre assez de précautions, ni trop se défier de soi-même.

« Au milieu de ces hésitations, et dans le cours de mes voyages, j'entrai dans la toute petite église de l'Hôtel-Dieu de Falaise. Les colonnes me plurent beaucoup par leur simplicité et leur grâce ; à ce moment je me sentis décidé. Je fis part de mes impressions à l'architecte qui voulait bien mettre son talent à ma disposition ; il m'apprit que les colonnes que je venais de choisir étaient la reproduction exacte de celles qui soutiennent la magnifique cathédrale d'Amiens. »

Ainsi, après tant de recherches, c'est au lieu même de sa naissance que M. l'abbé Godefroy rencontre le modèle que poursuit sa pensée, et ce modèle se trouve être conforme aux plus splendides conceptions de la période ogivale.

C'était encore une faveur de Dieu que la rencontre, à point nommé, d'un architecte tel que J.-E. Barthélemy, dont trente années de collaboration ont rendu la belle mémoire inséparable de celle de M. l'abbé Godefroy. C'est justice d'insérer intégralement ici une notice sur cet homme de bien. Nous la devons à la plume d'un fils héritier de ses talents et de son zèle pour l'église de Bonsecours.

« M. Jacques-Eugène Barthélemy naquit à Rouen, le 13 octobre 1799. Dès l'âge de vingt-quatre ans, l'attrait des beaux-arts lui fit embrasser la carrière d'architecte.

« C'était en 1823 : la France venait de traverser la période de l'empire, les arts étaient négligés, nos vieux monuments tombaient en ruines; l'on ignorait si bien leur beauté, que leur restauration se ressentait gravement des mains inhabiles qui dirigeaient l'œuvre.

« Les bibliothèques étaient presque vides de tous ouvrages traitant des arts au moyen âge.

« Entraîné par son goût dominant, il entreprit alors, le carnet à la main, son tour de France, à longues et pénibles journées.

« En visitant nos belles basiliques, non seulement il en prenait de nombreux croquis d'ensemble, mais il en relevait les merveilleux détails typiques avec une incroyable ardeur de volonté et de persévérance.

« Ne comptant pas le temps, il entra un jour dans la cathédrale de Reims, si absorbé dans la contemplation du monument, qu'oubliant la marche de l'horloge, il n'avait pas entendu l'appel du gardien qui fermait les portes; il faillit y passer la nuit.

« A cette époque, ces matériaux précieux étaient d'autant plus utiles, qu'on ignorait l'art de la photographie, et qu'un artiste devait tout demander à son crayon.

« Cependant les études sérieuses de M. Barthélemy et ses recherches sur le moyen âge restaient enfermées dans ses cartons, lorsqu'en 1838, M. l'abbé Godefroy, curé de Bonsecours, vint lui confier son projet de bâtir une belle église; M. Barthélemy lui proposa aussitôt d'adopter le style gothique.

« Ces deux natures, unies étroitement d'amitié, étaient faites pour se comprendre dans l'amour du beau; et cependant M. Godefroy résista longtemps à cette pensée, imbu qu'il était des grands souvenirs classiques.

« Il n'y avait alors que M. Lassus qui se fût carrément prononcé pour le gothique, qu'il qualifiait d'*architecture nationale;* et l'on se souvient que, même beaucoup plus tard, en 1845 et 1846, M. Viollet-Leduc, encore inconnu, jeune débutant dans la carrière qu'il a illustrée, déjà enthousiaste de nos vieux monuments, lorsqu'il faisait ses conférences sur les œuvres du moyen âge, se trouvait chaque jour en butte à la polémique la plus violente d'une presse fort peu sympathique.

« M. Barthélemy, poursuivant sa pensée, la fit enfin prédominer. Le 4 mai 1840, le cardinal prince de Croÿ posait la première pierre de la nouvelle église, conçue dans le style élégant et sévère du XIIIᵉ siècle. L'architecte de Bonsecours fut donc l'un des premiers à donner l'élan dans l'entreprise de restauration de nos vieux monuments; aussi le gouvernement lui confiat-il les fonctions d'architecte diocésain, qu'il conserva pendant plus de trente années.

« On sait que l'église primatiale était, pour l'artiste et le fervent chrétien, comme une mère qu'il vénérait et contemplait avec amour.

« Levé chaque jour à cinq heures du matin, il travaillait sans relâche, le plus souvent pour l'amour de l'art, pénétré du grand esprit religieux qui toujours présida à tous les actes de sa vie.

« C'est ainsi que, pour les sanctuaires de Notre-Dame de Bonsecours et de Notre-Dame de la Délivrande, il a entrepris *plus de quatre millions de travaux, avec le plus complet désintéressement* et pour la plus grande gloire de Dieu.

« Il en fut de même pour la fontaine de la Croix-de-Pierre, dont la ville de Rouen lui avait fait l'honneur de lui confier la réédification.

« Pendant plus d'un demi-siècle, il a doté la Normandie de nombreux travaux d'églises. On lui doit notamment, dans notre ville : la flèche de Saint-Maclou; le clocher en plomb repoussé de l'église de Saint-Romain; la restauration du portail de Saint-Patrice; le tombeau du cardinal prince de Croÿ, etc.

« Telle fut, à grands traits, la vie de cet homme de bien, plein de science et de bonnes œuvres, jusqu'au jour (26 mai 1882) où nous l'avons conduit au pied de son sanctuaire de Bonsecours, où il voulait reposer.

« L'Église l'avait comblé de ses faveurs, en le nommant successivement chevalier de Saint-Sylvestre et de Saint-Grégoire-le-Grand. Il était aussi chevalier de la Légion d'honneur.

« Après sa mort, la corporation des architectes, ainsi que toutes les chambres syndicales de l'industrie du bâtiment, rendant hommage à son souvenir, demandèrent et obtinrent de la ville de Rouen qu'une rue portât son nom. Il est inscrit sur le parvis de l'église de Saint-Maclou. »

Tel fut l'homme suscité providentiellement pour aider de ses conseils, avec un dévouement aussi constant qu'absolu, non seulement M. Godefroy, mais son vénéré successeur.

Le style de l'édifice étant une fois arrêté, **M.** Barthélemy fut chargé de dresser le plan du sanctuaire à ériger, qui, d'après les données premières, devait simplement se greffer sur la vieille église de Blosseville. L'éminent architecte n'hésita pas un instant à élargir le cadre proposé : au lieu d'un simple sanctuaire, ce fut le plan d'un édifice complet qu'il développa sous les yeux du curé de Bonsecours. Ce complément du projet n'impliquait pas nécessairement une exécution immédiate ; mais il fallait préparer et réserver l'avenir, afin que, si les ressources venaient à se présenter, on pût marcher de telle sorte que toutes les dépenses de détail concourussent à l'accomplissement d'une œuvre homogène et suivie. Cette sage pensée fut comprise, si bien que, toujours décidé à ne faire qu'une dépense d'environ 70,000 francs, M. Godefroy accepta le plan d'ensemble, que devaient, pensait-il, poursuivre *ses successeurs*. En rappelant cette pensée dans ses mémoires manuscrits, le bon prêtre ne peut retenir cette réflexion, qui prouve une fois de plus la vérité de l'axiome si profond : *L'homme s'agite, et Dieu le mène.* « Hélas ! je suis devenu mon successeur à moi-même, et les quelques mille francs d'abord supposés nécessaires se sont transformés EN MILLIONS ! » C'est la seule indication que M. Gode-

ÉGLISE DE BONSECOURS, vue prise de l'autel.

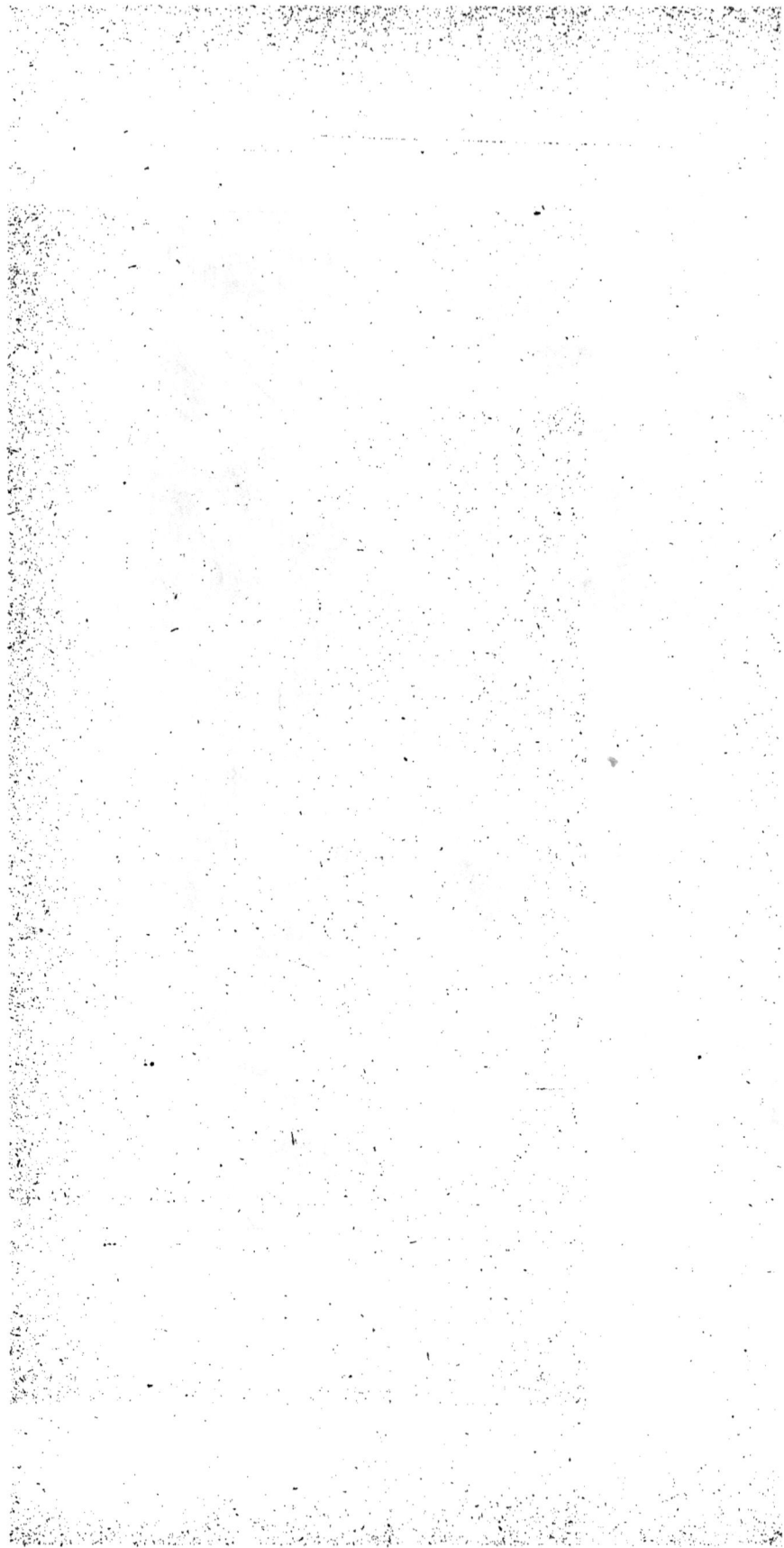

froy nous ait laissée du prix que lui coûta cette église, si
timidement commencée, et qui, comme toute œuvre de Dieu,
eut à triompher au début de si grosses difficultés.

La seconde vint de la prudence du conseil municipal,
qui ne voulut point permettre qu'on touchât à la vieille
église, sans avoir l'assurance qu'on pût la rebâtir. M. Godefroy dut s'engager, en son nom personnel et au nom de ses
héritiers, à payer à la commune 30,000 francs, si sa mort
arrivait avant l'achèvement du travail.

Puis il fallut aviser aux moyens de se débarrasser du
contrôle si gênant de la commission des bâtiments civils,
dont on pouvait prévoir l'opposition à des plans que leurs
auteurs tenaient à exécuter avec une pleine indépendance et
une complète liberté d'action.

On tourna la difficulté. Le préfet du département pouvant
autoriser, sans recours à la commission, une dépense de
30,000 francs, on divisa le travail, et M. Dupont-Delporte
approuva un premier devis de 29,500 francs. M. le curé de
Bonsecours se privait ainsi, il est vrai, du concours « parfois efficace » du gouvernement; mais, par compensation,
il se délivrait « d'une surveillance qui lui eût apporté beaucoup plus de gêne que les secours ne lui eussent servi ».

A son tour, la Fabrique refusa de le suivre dans une voie
que l'absence de ressources pouvait rendre dangereuse. En
vain M. Godefroy faisait ressortir l'avantage que la paroisse
pouvait tirer de la présence à ses offices des vétérans du
sanctuaire, pour lesquels Mgr le prince de Croÿ venait de
constituer une maison de retraite à proximité de l'église; en
vain il faisait remarquer que la petitesse du chœur ne permet-
trait en aucune façon d'utiliser le concours de ces prêtres
vénérables, les membres de la Fabrique craignaient toujours
de s'engager. Le généreux pasteur s'offrit alors à passer tous

les marchés, acquisitions de terrain, achats de matériaux, main-d'œuvre, etc., en son nom propre et personnel. Ému de tant de confiance et de générosité, le conseil de Fabrique consentit dès lors à le suivre; bien plus, en acceptant cette proposition, qui laissait au curé une liberté entière, il lui concéda néanmoins le libre emploi de toutes les sommes que la Fabrique pourrait avoir à sa disposition, ses dépenses ordinaires payées.

Tout était donc préparé, tous les obstacles aplanis, et, pour mener à bonne fin l'entreprise, il ne manquait plus que l'argent. « Mais, comme disait judicieusement au regretté Brianchon un vieux matelot d'Étretat, quand on n'attend plus que l'argent, on attend quelquefois longtemps, à moins qu'on n'attende toujours. » M. l'abbé Godefroy n'était pas homme à attendre; il s'empressa donc d'annoncer l'heureuse nouvelle de l'érection, sur la montagne vénérée de Bonsecours, d'une église digne de Marie, assez vaste pour répondre à l'empressement de ses dévots clients. Puis, donnant corps à son idée, qu'encourageait de toutes ses forces le généreux prince de Croÿ, cardinal archevêque de Rouen, il fixa aux premiers jours du mois de mai de l'année 1840 la pose solennelle de la première pierre du monument projeté. Pour se procurer des ressources, il ouvrit une souscription.

Le registre de souscription de M. l'abbé Godefroy est conservé aux archives de l'église. C'est un petit in-folio, doré sur tranche, relié avec un certain luxe dans le style des missels du temps. Sur les plats, en maroquin rouge, des rinceaux dorés encadrent le chiffre de Marie, également doré et gaufré; à l'intérieur, la couverture est garnie de moire de soie blanche. Une image de Marie, assez commune, occupe la première page, sur laquelle on lit ce titre : OFFRANDES

## POUR LA CONSTRUCTION DE L'ÉGLISE DE NOTRE-DAME DE BONSECOURS.

La seconde page commence par ces paroles de l'Écriture : Si quis sponte offert, impleat manum suam hodie, et offerat quod voluerit Domino ; opus namque grande est : neque enim homini præparatur habitatio, sed Deo : *Si quelqu'un veut bien faire une offrande spontanée, qu'il remplisse aujourd'hui sa main, et qu'il offre au Seigneur selon sa volonté ; il s'agit, en effet, d'une grande œuvre : car ce n'est pas à un homme qu'on prépare une habitation, mais à Dieu.* Le curé de Bonsecours commentait habilement ce texte, puis il exhibait les plans de la future basilique, et souvent, à la suite de cette exposition, il voyait « doubler, tripler, quelquefois quintupler le don qu'on s'était proposé tout d'abord » de lui offrir pour son œuvre.

Ce registre n'est pas seulement précieux au point de vue des souvenirs, c'est un recueil d'autographes d'une incontestable valeur. Il débute par la souscription du généreux prince de Croÿ. Ce bon prince y écrivit :

« *Je m'engage à donner la somme de trois mille francs.*

« *Je recommande instamment cette excellente œuvre à la piété des fidèles, et je les verrai avec bonheur contribuer par leurs offrandes à élever un temple en l'honneur de la Très Sainte Vierge.*

« † G. cardinal prince de CROŸ,

« Archevêque de Rouen. »

Le second nom est celui d'un martyr, Mgr Affre, archevêque de Paris.

Quand M. Godefroy lui présenta sa requête, il venait d'être promu, mais n'avait pas encore reçu ses bulles et n'était pas installé ; aussi, tout en approuvant le projet, ne pouvait-il lui apporter qu'une subvention pécuniaire très minime. Pour témoigner toutefois de sa bonne volonté, il s'engagea pour vingt-cinq francs.

Peu de temps après l'avoir vu, M. Godefroy rencontrait le vénéré M. Boyer, de Saint-Sulpice, oncle du nouvel archevêque, qui l'invita à demander la souscription de son neveu. Le curé de Bonsecours répondit en présentant la feuille de souscription, et en exprimant son regret de ce que l'état actuel des finances du nouvel élu ne lui eût pas permis d'inscrire à la suite de son nom un chiffre plus convenable à sa future situation. On convint que M. Boyer rétablirait l'équilibre en ajoutant un zéro à la somme inscrite sur le livre de souscription, ce qui fut fait à la satisfaction générale des intéressés. La surcharge est très visible pour qui connaît l'anecdote.

Mᵍʳ Garibaldi, internonce, souscrivit ensuite; puis NN. SS. les évêques de Valence, de Beauvais, de Saint-Dié, de Soissons, de Tarbes, d'Arras, du Puy, de la Martinique, de Babylone, d'Ispahan (ce dernier délégat du Saint-Siège), les archevêques d'Auch, de Besançon, de Chalcédoine, etc. etc. Avec une telle tête de liste le succès était assuré.

Précisément vers ce temps-là, Mᵍʳ Samhiri, patriarche d'Antioche, vint faire un voyage en France. Il écrivit en langue syriaque sur le registre qui lui fut présenté :

« *Celui qui est dévoué à la très sainte Vierge ne périra jamais.*

« *Bénissez, Seigneur, votre serviteur Godefroy, qui a élevé un temple à la Vierge votre Mère.*

« ✝ Ignatius Antonius SAMHIRI,

« Patriarcha Antiochiæ Syrorum. »

Bien d'autres noms illustres vinrent se joindre à ceux-là. Nous relevons au hasard ceux du duc de Laval-Montmorency, donnant dix mille francs pour l'autel de la Très-Sainte-Vierge, près de celui d'une pauvre femme, qui offre une pièce de cinq francs avec trois épingles en or; deux princesses de Croÿ; M^{me} de Nagu-Mortemart; MM. le marquis de Conflans, duc de Choiseul, de Montmorency-Luxembourg, de Fitz-James, etc. etc.; des écrivains catholiques justement considérés : de Margerie, Adolphe Archier, l'abbé Frère, etc. Au bas d'une page, deux signatures qui commençaient dès lors à se faire remarquer: « Henri-Dominique Lacordaire. — Comte de Montalembert. » Ailleurs, celle de « Récamier, doyen des médecins de l'Hôtel-Dieu »; etc.

A côté des souscriptions de communautés enseignantes ou d'institutions secondaires ecclésiastiques, lisez cette adhésion touchante d'un des membres marquants de l'Université :

« *Je souscris avec empressement à cette œuvre éminemment catholique, qui a pour but de mettre la France entière sous la protection de la Mère de Dieu, déjà si favorable à notre pays, et qui pourra être si secourable à toute la jeunesse française.*

« L.-G. TAILLEFER,

« Inspecteur de l'Académie de Paris. »

Le dernier nom inscrit par M. Godefroy, peu de temps avant sa mort, est celui de l'architecte qui l'avait aidé trente ans, sans accepter un centime d'honoraires:

« M. Barthélemy, *valeur de ses soins, plans et direction;* cent mille francs. »

C'est à M. le marquis de Belbeuf que M. l'abbé Godefroy se reconnaît redevable de l'idée de faire payer, par tel ou tel généreux donateur, qui une verrière, qui une colonne, qui une rosace, etc. Le noble pair avait donné l'exemple en offrant la première verrière absidale, et Mgr de Croÿ avait ajouté la valeur d'une seconde verrière à sa première souscription.

En même temps qu'il parcourait l'Europe, son précieux registre à la main, l'éminent curé de Bonsecours, toujours poursuivi par l'idée de faire un monument modèle, avait sans cesse le crayon à la main et prenait partout des notes. Un de ses calepins de voyage, qu'une heureuse chance nous a fait rencontrer, porte la trace constante de cette préoccupation.

En naviguant sur le Rhin, il rencontre un conseiller de la cathédrale de Cologne et en obtient une souscription ; les architectes du fameux édifice lui font le meilleur accueil et lui montrent tous les plans, lui promettant une visite à Bonsecours. L'archevêque admire ses projets et joint à sa cotisation d'heureux souhaits pour le bon prêtre, auquel il fait remarquer que son nom est allemand et veut dire *la paix de Dieu* (Gott-Friede).

A Bruxelles, il visite le statuaire Geoffs, qui a exécuté la chaire de Liège, et Simonis, auteur des maquettes des statues de l'église Saint-Jacques, dans la même ville ; à Louvain, le sculpteur Geerts, qui a travaillé aux stalles d'Anvers et dont il souligne l'esprit religieux. Il consigne sur son agenda la note suivante : « J'ai rencontré providentiellement M. Gme Goyers, sculpteur, rue de la Monnaie, no 25, à Louvain, auquel j'ai offert 3 francs par jour de travail, logé, nourri, blanchi, pour travailler la pierre ou le bois à Bonsecours. Cet artiste est capable, et au besoin fera lui-même les modèles de la chaire, du banc-d'œuvre, de l'autel et des stalles ; il a le sentiment du gothique. Il m'a demandé 3 francs 50 par jour. »

Il note que « les autels, les sacristies et les églises en
Prusse sont très mal tenus; c'est d'une malpropreté dégoû-
tante »; tandis qu'il admire, en Belgique, jusqu'à la bonne
tenue des enfants de chœur, qui « demandent la bénédiction
du prêtre : 1º après lui avoir donné à laver; 2º en ren-
trant à la sacristie ».

A Tubise, il dessine un élégant modèle de torches; à Louvain, le beau tabernacle de l'église Saint-Pierre; il compare
à Saint-Ouen de Rouen (comme dimensions) l'église de
Sainte-Waudru de Mons, où il voit une belle procession.

Il est frappé, à la bibliothèque royale de Bruxelles, par la
vue d'un autographe de Marie de Médicis, signé : *Marie,
reine de France et de Navarre, mère du roy, esclave de la
très glorieuse Vierge Marie, mère de Dieu, Notre Dame.*

Il visite les musées, dessine les costumes des enfants de
chœur de Sainte-Gudule, « avec une espèce de sac sur le
dos, ce qui n'est guère noble. »

Le secrétaire des commandements de la reine des Belges
lui promet son appui, et la comtesse de Mérode, qui était
allée tout d'abord chercher « deux pièces de 5 francs » pour
les lui donner, s'inscrit pour 500 francs après l'avoir entendu.

Voici une recette pour recoller la pierre; plus loin, l'indication d'un merveilleux engrais; des procédés pour obtenir
tels ou tels excellents légumes, ou « pour conserver les giro-
flées en fleur ». Cet esprit universel, sans cesse dominé par
la grande pensée dont il poursuit la réalisation, sait qu'il lui
faut beaucoup d'argent et beaucoup d'économies.

Il a des collaborateurs à payer et à nourrir : il s'est fait
maître de pension en même temps qu'entrepreneur; car,
pour le pèlerinage, il a besoin de grouper des prêtres zélés
et instruits, et il sait que rien ne développe et n'entretient le

zèle sacerdotal comme l'amour de la jeunesse. D'autre part, il a pris sur lui toute la charge de la construction, et il veut être à toute heure maître de la diriger; aussi embauche-t-il lui-même les ouvriers, comme il achète les matériaux; toutes les quinzaines c'est lui qui fait la paye.

Et cela dura quatre ans, jusqu'à ce que le gros œuvre fut entièrement terminé.

En 1840 et 1841, le sanctuaire, le chœur, une portion de la nef, sont construits autour de la vieille église, restée debout jusque-là.

En 1842, c'est le tour de la sacristie, dont les fondations sont tracées le 5 mars, et les travaux menés de telle sorte, que, le 15 août suivant, M. Godefroy peut dire pour la première fois la sainte messe dans le chœur de la nouvelle église, l'ancienne co-existant toujours.

Le 5 janvier 1843, le plan et l'élévation du grand portail sont présentés à Mgr le prince de Croÿ, qui les bénit et les approuve; la vieille église disparaît, et le bon cardinal peut, avant de mourir, voir l'ouvrage presque achevé.

La bénédiction en est faite, le 31 octobre 1844, par M. l'abbé Join Lambert.

Mais aussitôt recommence une série de travaux plus délicats et plus coûteux encore.

Durant le cours de ses voyages, M. l'abbé Godefroy avait su se conquérir l'amitié de l'un des hommes les plus savants dans les choses du moyen âge: le concours du R. P. Arthur Martin lui devint surtout précieux pour la partie décorative et les détails d'ameublement, que lui-même surveillait avec le soin le plus jaloux. Nous en avons pour garant le peu de sa correspondance qui soit parvenu jusqu'à nous.

Rien ne lui semblait trop beau, ni surtout trop artistique,

pour la Vierge de Bonsecours. Bien que sans cesse à découvert, il semblait que pour lui la fameuse question d'argent n'existât pas et qu'un trésor inépuisable fût à sa disposition.

Son unique trésor, c'était sa foi inébranlable en la protection de Marie, protection qui d'ailleurs ne lui manqua jamais.

Cette protection affectait quelquefois les apparences d'un vrai miracle. Voici des faits racontés par lui-même à M. Barthélemy fils :

« Dès le début de l'entreprise, il ne possédait pas la *première obole* des sommes considérables nécessaires à la construction, et disait à mon père : « Marchons de l'avant, « c'est l'affaire de Notre-Dame de Bonsecours et non la nôtre. »

« Un samedi, jour de paye, il lui manquait 50 francs ; quoique bien fatigué, il se décide à descendre à Rouen, chercher une âme charitable qui veuille parfaire la différence. Il allait, priant la Sainte Vierge de lui raccourcir la route, lorsqu'au milieu de la côte une pauvre infirme l'arrête : « Monsieur le curé, dit-elle, épargnez-moi, je vous prie, le « reste du chemin ; je venais vous apporter mes économies. »

« C'étaient juste 50 francs.

« Un jour, montant à l'autel, il se rappelle qu'il a oublié une traite de... (4,000 francs, je crois), payable avant midi. Il invoque la Mère de Dieu, et, pendant le saint sacrifice, une main inconnue remet sous pli au sacristain la *somme intégrale,* avec grande recommandation de la transmettre aussitôt.

« En Allemagne, dans le cours de ses longs voyages de frère quêteur de Marie, couvert de poussière et sans passeport, il est pris pour un malfaiteur et mis en prison en attendant l'enquête. Il se souvient heureusement du nom d'un habitant, qui finit, après bien des démarches, par faire lever l'écrou.

2.

« Jamais l'argent n'a fait défaut; mais les faits signalés se sont renouvelés fréquemment d'une manière providentielle, et M. le curé les constatait chaque fois pour en composer un recueil « à la gloire de Marie ».

« Il vivait comme un anachorète et se privait de tout, bien que possédant un certain patrimoine (environ 12 à 15,000 francs de rentes). Il employait ses revenus soit aux besoins de l'œuvre, soit, vers la fin de sa vie, à la construction du presbytère. »

Et cela dura trente ans, jusqu'au jour où le saint prêtre rendit à Dieu sa belle âme, le 18 mars 1868.

Trois archevêques de Rouen l'avaient successivement honoré de leur confiance et parfois de leur amitié. Le gouvernement français l'avait fait chevalier de la Légion d'honneur, et le Souverain Pontife, en l'élevant à la dignité de chanoine de Notre-Dame-de-Lorette, avait comblé tous ses vœux, par l'affiliation de la nouvelle église de Bonsecours à celle du miraculeux sanctuaire, avec tous les privilèges attachés à la Santa-Casa.

Son successeur devait avoir le bonheur, encore plus grand, de voir le couronnement de l'image miraculeuse et l'érection de l'église en basilique mineure.

Pour M. Godefroy, son corps repose en paix au pied même de l'autel de la Vierge miraculeuse, qu'il a si tendrement aimée et pour laquelle il a tant travaillé.

Les hommes n'ont pu jusqu'ici lui ériger un monument digne de sa pieuse mémoire; mais Dieu n'a certes pas si longtemps attendu pour récompenser dignement celui qui fit tant pour sa Mère, et dont la belle vie d'apôtre est la meilleure explication qu'on puisse donner du succès de son œuvre en des jours aussi mauvais que ceux où il la commença.

# CHAPITRE II

'EST au temps de Philippe - Auguste plus peut-être qu'au règne de saint Louis, que se rattache, dans son ensemble, le style de l'église Notre-Dame de Bonsecours. Elle appartient à la période ogivale primitive par ses grandes lignes, par le dessin harmonieux de ses fenestrages, par celui de ses galeries; sans sortir du XIIIᵉ siècle, elle se rapproche du style de transition par la forme de ses pinacles, par les tailloirs carrés des chapiteaux de ses légères colonnettes et par les détails des sculptures des voussures du grand portail.

Sous ces différents rapports, Notre-Dame de Bonsecours nous paraît être bien plutôt la fille de la cathédrale de Rouen que la sœur de la Sainte-Chapelle.

Son plan général lui-même nous paraît accuser cette double influence.

Peut-être s'étonnera-t-on de nous entendre avancer que ce plan se distingue d'abord par son originalité. Tant de fois

on a depuis copié cet excellent modèle, que l'on peut dire
maintenant qu'il est classique; mais, en 1840, il n'en était
pas ainsi.

Quiconque a étudié de près nos vieilles basiliques gothiques, a dû être frappé de ce fait singulier : que la grande
majorité de ces édifices immenses, que peuplait autrefois
un si nombreux clergé, ne possèdent point de sacristies,
ou que celles-ci offrent des dimensions relativement si
restreintes, qu'elles nous paraissent aujourd'hui absolument
insuffisantes. Presque partout, en effet, on se contentait de
deux pièces : une *chambre des archives,* que la nature des
revenus de chaque église rendait indispensable, et une *salle
du Trésor,* où se gardaient les reliquaires et autres objets
du culte qui n'étaient pas d'un usage journalier. Quant aux
vêtements sacerdotaux, calices, missels, etc., nécessaires aux
divins offices, ils appartenaient presque tous à tel autel
ou à telle chapelle, et c'est là qu'ils étaient gardés, dans des
coffres ou *bahuts,* quelquefois dans des armoires creusées
dans l'épaisseur des murs et fermées de battants solides.
Au moment de s'en servir, on les déposait sur l'autel, où le
prêtre se revêtait, comme l'évêque le fait encore.

Ce fut seulement au xviie siècle que les sacristies paroissiales prirent une certaine importance; c'est alors aussi que
l'on vit se greffer contre les murs de nos vieux édifices tant
de constructions parasites, tant d'annexes lourdes et laides,
que l'on a certes raison de vouer au démolissage, bien qu'il
faille compter avec les nécessités qui leur ont donné naissance.

Trop bon chrétien pour ignorer ces nécessités du culte,
trop sage pour n'y pas songer, trop consciencieux pour
passer outre et ne pas s'en préoccuper, l'ingénieux architecte
de l'église de Bonsecours a su trouver le moyen de concilier

les besoins du service avec les exigences du style qu'il avait fait adopter.

Par une habile combinaison de deux dispositions fréquentes à la fin du xiiᵉ siècle, il a su conserver à l'ensemble du monument l'aspect élégant et svelte des édifices les plus purs de la période ogivale, et le doter néanmoins d'une sacristie aussi commode que vaste.

Pour cela, traçant sur le sol le plan d'une nef principale, terminée par une abside de forme polygonale, il l'a flanquée de deux collatéraux et d'un *déambulatoire* qui fait tout le tour de l'abside; mais, comme dans les édifices anglo-normands du xiiᵉ siècle, les sous-ailes ne se prolongent pas au delà des travées du chœur; au niveau du sanctuaire elles aboutissent à un mur droit, percé dans sa partie haute d'une rosace, ou demi-fenêtre, placée au-dessus d'un autel qui joue le rôle de chapelle absidale. L'ancien déambulatoire, se trouvant ainsi isolé, ne communique plus qu'avec le sanctuaire et la sous-aile méridionale, par deux portes ménagées adroitement à cet effet, et il devient la *sacristie,* surélevée à l'intérieur jusqu'à la hauteur du sanctuaire, tandis qu'à l'extérieur elle se termine par une terrasse à la hauteur des chapiteaux des fenêtres des basses-nefs.

Cette disposition, si simple, si commode, a contribué singulièrement à donner au sanctuaire un aspect à la fois élégant et grandiose, en permettant d'accorder aux cinq fenêtres absidales un développement beaucoup plus grand qu'à toutes les autres baies, qui ne dépassent guère le tiers de leur hauteur.

Rien n'indique au dehors l'endroit où le chœur finit et où commence la nef, les dix travées qui font suite à l'abside étant absolument semblables.

Chacune d'elles se compose de deux fenêtres superposées

à l'œil, bien que la supérieure, éclairant la nef principale, soit tout à fait en arrière-plan ; la toiture à simple pente des collatéraux les relie. Le dessin en est uniforme : deux lancettes, séparées par un léger meneau en forme de colonnette à chapiteau carré et fleuronné ; au-dessus, une rose à six lobes, autour d'un médaillon central. Le tout est encadré d'une double voussure, formée de moulures circulaires portées par des colonnettes identiques au meneau central.

Au-dessus de chaque fenêtre, une corniche se profile tout à l'entour de l'édifice, contournant les contreforts et couronnée de galeries à jour. La galerie inférieure comporte, pour chaque travée, cinq quatre-feuilles ajourés ; huit arcatures trilobées pour chaque couple de contreforts composent la galerie supérieure, qui règne à la base du toit et fait tout le tour de l'église.

Les contreforts sont de forme carrée, ornés dans leur partie haute d'arcatures aveugles, portées par des colonnettes d'angle chargées elles-mêmes d'un pinacle octogone accompagné à sa base de quatre pyramides carrées, amorties, ainsi que le contrefort, par un fleuron. Ici, comme partout ailleurs, les contreforts des sous-ailes sont reliés à ceux de la haute nef par de solides arcs-boutants, si ce n'est pourtant au chevet, où, pour contre-buter les voûtes absidales, chaque contrefort est simplement doublé.

Sur toute la longueur de la nef, la couverture en ardoise est décorée d'une crête en plomb, repoussé au marteau, où se détache en lettres d'or cette inscription qui résume si bien la pensée-mère de l'édifice : « AUXILIUM CHRISTIANORUM, ORA PRO NOBIS! *O Vierge, secours des chrétiens, priez pour nous!* »

Ornée de riches lambrequins, qui s'étalent sur la toiture, et de trèfles fleuronnés, dont la ligne est de place en place

ÉGLISE DE BONSECOURS. Le Maître-Autel.

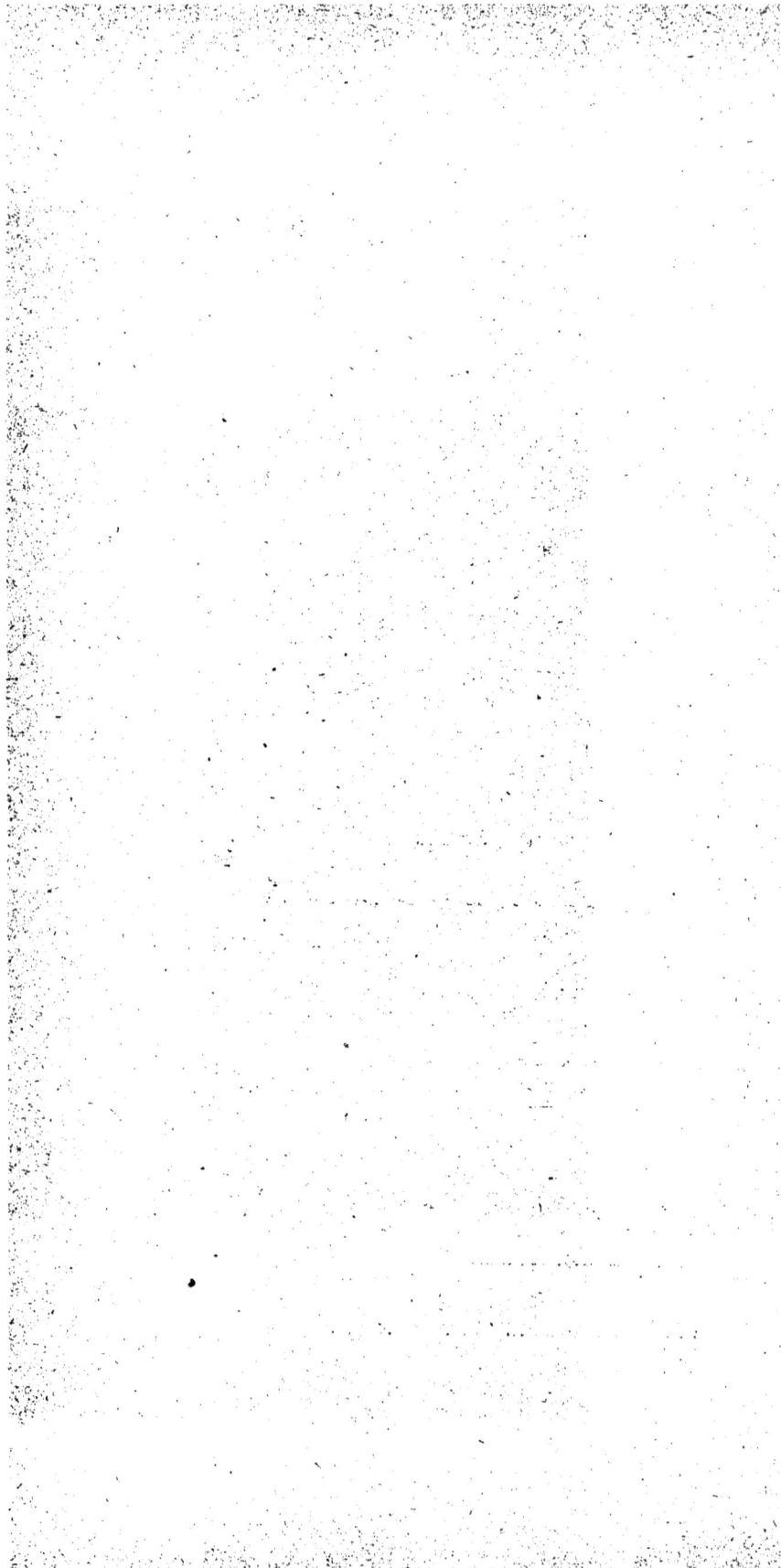

interrompue par des aiguilles qui en rompent l'uniformité, cette crête est d'une rare élégance, et la dorure, qu'on y a prodiguée, en se tenant dans de justes limites, en fait une décoration de haut style et d'excellent goût.

Exécutée, sur les dessins de M. Barthélemy, par les soins de M. Marrou, l'éminent artiste rouennais, elle a coûté plus de vingt mille francs, et a été posée en 1878. Dans le prix n'est pas comprise la jolie Vierge à l'Enfant qui couronne si bien le pignon oriental. Celle-ci est en bois de tilleul, entièrement revêtu de plomb repoussé et doré; de la console qui la supporte descendent quatre arêtiers ornés de crossettes de plomb, également couverts de dorure.

Tout ce travail de plomberie, véritablement artistique, est de la plus grande richesse et couronne fort heureusement l'œuvre de pierre, où la sobriété s'allie à l'élégance.

A l'orient, comme nous l'avons déjà dit, le déambulatoire s'élève seulement à la hauteur des chapiteaux du fenestrage des sous-ailes.

Les cinq travées qui entourent l'abside sont ornées de cinq arcatures en forme de courtes lancettes, dont trois seulement sont ouvertes pour éclairer la sacristie.

Cette partie de l'édifice est couverte de plomb et forme une terrasse, à laquelle on peut accéder par une tourelle située à l'angle de la sous-aile méridionale.

En descendant vers l'ouest, on rencontre, du même côté, un petit portail latéral, dont on trouvera plus loin la description.

Vers l'occident, les trois nefs, coupées à angle droit par un même plan, offrent une surface de dix-sept mètres de largeur sur une hauteur de quarante-quatre, jusqu'à la galerie supérieure qui entoure la pyramide; l'architecte a su décorer de la façon la plus heureuse cette haute et large façade.

Trois portails, surmontés de gables et décorés de riches archivoltes, en occupent la partie basse jusqu'à la hauteur des sous-ailes, marquée par le prolongement de la galerie de quatre-feuilles. Aux angles de cette façade, deux pyramides, formées d'un triple contrefort, s'élèvent jusqu'au niveau de la galerie supérieure et contre-butent à sa base le clocher, dont les piliers forment porche à l'intérieur de l'église.

Le clocher est un corps carré ajouré sur ses quatre faces par deux élégantes lancettes et couronné à son sommet, comme à sa base, d'une galerie en arcatures. On accède à ce corps carré par deux tourelles octogonales qui en amortissent les angles et donnent également accès à la galerie supérieure de la nef, à la chambre de l'horloge et à celle du beffroi.

La plate-forme du clocher porte la flèche proprement dite, dont chacun des huit pans se compose alternativement de parties pleines, décorées de gracieuses imbrications et d'assises horizontales, successivement ajourées : d'abord par des ouvertures qui affectent la forme de rosaces à six lobes; puis par des quinte-feuilles; plus haut enfin par des quatre-feuilles, des trèfles et de simples trous circulaires. Entre chaque surface de la flèche un boudin d'angle règne du haut en bas.

A la base de la pyramide, sur chaque face correspondant à l'un des points cardinaux, est une porte-fenêtre, en forme de lancette, surmontée d'un pignon très élancé percé d'un quatre-feuilles; à chaque angle du corps carré, un dais porté par quatre colonnettes et surmonté d'un pinacle carré s'élançant en pyramide et couronné d'un fleuron cruciforme.

La croix, en fer forgé et doré, surmontée d'un beau coq en cuivre également doré, repose sur un ornement en plomb martelé que décorent de larges filets de dorure. Elle fut bénite avec ses accessoires, c'est-à-dire avec le coq et la pointe du paratonnerre, par M. l'abbé Join-Lambert, le 31 octobre 1844, et mise en place, le même jour, par M. Barthélemy fils, de qui nous tenons ces détails.

L'épouvantable ouragan du 12 mars 1876 ébranla terriblement la flèche de Bonsecours [1], où s'ouvrirent alors des lézardes qui amenèrent, deux ans plus tard, de coûteuses réparations; la croix et le coq anciens durent alors être remplacés.

Sur la partie du clocher qui correspond au comble de la nef principale, on a placé quatre statues : celles des quatre Évangélistes, c'est-à-dire (en allant de gauche à droite) saint Matthieu, saint Marc, saint Luc et saint Jean. Elles sont dues, comme du reste toutes les sculptures de cette façade, à un artiste parisien, M. J. du Seigneur, et ne sont

---

[1] Voici en quels termes émus cet ouragan est raconté par un témoin oculaire :

« Il est impossible de le décrire. Il a commencé à Bonsecours vers midi, et fini à plus de trois heures. Les vêpres n'ont pas été chantées ce jour-là; c'était cependant un dimanche. Si Dieu me donnait de voir les derniers jours du monde, je ne crois pas avoir beaucoup plus de frayeur.

« Des extraits de journaux de la localité racontent les dégâts occasionnés par l'ouragan à l'église *; mais, ce qu'ils ne racontent pas, ce sont, en plus, les dégâts occasionnés par cette même tempête au presbytère et aux petites maisons qui sont la propriété de la Fabrique...

« Des pierres pesant 2,500 kil. ont été lancées dans l'air. C'était un spectacle bien triste de voir les pierres jonchant la terre, les grilles écrasées, les ardoises couvrant le terrain. Et la crainte de voir le clocher menacé de tomber sur les toitures!... »

En effet, M. Grimaux, entrepreneur à Rouen, présent ce jour-là à Bonsecours, affirmait avoir vu la pyramide osciller sur sa base; lorsqu'on la visita peu après, on constata qu'elle était lézardée sur une longueur considérable. Les réparations à l'église coûtèrent plus de 25,000 francs.

* Voir la *Gazette de Normandie,* le *Journal de Rouen* et le *Nouvelliste de Rouen,* numéros du 13 mars 1876.

pas sans mérite, surtout si l'on tient compte de l'époque
à laquelle elles furent taillées.

Une rosace rayonnante, inscrite dans une ogive qui correspond exactement à la courbure de la voûte centrale, éclaire
abondamment celle-ci à l'heure du soleil couchant. Cette
rosace repose sur un mur décoré d'arcatures aveugles auxquelles est adossé l'orgue, ainsi parfaitement défendu contre
les intempéries.

Les gables, ou pignons, des portails latéraux s'élèvent juste
au niveau de la balustrade inférieure; ils ont pour amortissement: à gauche, la statue du père de la Vierge Marie,
saint Joachim; à droite, celle de son époux, saint Joseph.
Cette dernière est le produit d'une souscription faite au
petit séminaire de Saint-Nicolas-des-Champs (Petit Séminaire de Paris); l'autre, si les souvenirs de ceux qui nous
ont renseigné sont fidèles, serait le produit d'une quête faite
au lycée royal de Rouen.

De dimensions beaucoup plus vastes, le fronton dans lequel
s'inscrit l'ogive du grand portail élève jusqu'à la hauteur
de la rosace centrale la statue de la Vierge Mère, portant
son Fils sur le bras gauche et de la droite tenant un sceptre.

Posée le samedi saint (11 avril) 1846, cette belle statue
provient de la pieuse générosité de M^me la comtesse Élise-
Anne de Montmorency-Luxembourg.

Le tympan principal se ressent malheureusement des
tâtonnements de son époque en ce qui touche l'appareillage,
et les joints de la pierre, continuellement avivés par l'inclé-
mence de la température sur ces sommets dénudés,
tranchent malheureusement sur les figures sculptées en
haut relief; mais la composition du sujet n'en est pas moins
bonne.

Il représente *la Très Sainte Vierge* assise sur un large

trône orné d'un riche dossier : sur l'un de ses genoux siège l'Enfant Jésus, qui tient le globe de sa main gauche et le bénit de sa droite ; deux anges, agenouillés et plongés dans l'adoration, s'apprêtent à l'encenser. Au-dessous court un bandeau où la patronne de Bonsecours est de nouveau représentée, sous la figure d'une petite statuette debout sous un édicule gothique. Vers elle s'avance une double procession. A gauche, ce sont des malades et des souffrants de toute espèce, qui se traînent en gémissant vers Notre-Dame de Bonsecours ; à côté, des boiteux et des paralytiques. La douleur morale elle-même est habilement représentée : une femme, par exemple, dans de longs habits de deuil, tient à la main une couronne funéraire : c'est une épouse ou une mère venue pour demander à Celle qui a tant souffert les seules consolations que puisse accepter sa douleur.

A droite, ce sont des pèlerins, de tout âge, de toute condition : les uns portant des cierges allumés, d'autres le bâton de voyage ; ils viennent offrir leurs vœux à la Reine de l'univers et solliciter son appui pour l'accomplissement heureux de leurs projets.

Les plus grands artistes eux-mêmes n'éprouvent-ils pas le besoin d'une inspiration d'en haut ? C'est sans doute la pensée que l'auteur du bas-relief a eu l'intention d'exprimer, en plaçant dans un coin de sa composition, par une fantaisie fréquente au moyen âge, la figure de l'architecte, qui tient en main un rouleau déployé.

Ce beau tympan fut donné par un régent de la Banque de France, M. Beaudon, ancien receveur général à Rouen.

Mais ici passons la plume à M. l'abbé Godefroy :

« Cinq voussures ombragent et protègent ce tympan : trois sont garnies de feuilles d'ornement ; les deux autres sont ornées de statuettes surmontées d'un dais. La plus voisine du tympan est consacrée aux douze Apôtres ; la plus éloignée contient les patriarches et les prophètes qui ont plus spécialement figuré ou annoncé Notre-Seigneur et la Très Sainte Vierge, savoir :

« 1º A droite, au bas de la voussure : Noé, tenant l'arche, représente Jésus-Christ construisant son Église. — A gauche, en regard, Jacob, tenant une échelle, rappelle le songe mystérieux du patriarche, où l'Église voit une figure de la présence réelle de Notre-Seigneur dans nos temples : *Vere Dominus est in loco isto.*

« 2º A droite : Moïse, avec le buisson ardent, figure de la virginité de Marie dans la conception et dans l'enfantement : *Rubum quem viderat Moyses incombustum conservatam agnovimus tuam laudabilem virginitatem, Dei genitrix.* (Brev. rom.) — A gauche : David, avec sa harpe, comme personnification de la race de Jessé, dont devait sortir la Très Sainte Vierge, et comme attestant la maternité divine de Marie, lorsqu'il annonçait la divinité de son Fils : *Ex utero ante luciferum genui te.* (Ps. cix.)

« 3º A droite : Isaïe, tenant une verge fleurie pour rappeler sa prophétie sur la génération humaine de Jésus-Christ : *Egredietur virga de radice Jesse, et flos de radice ejus ascendet.* (Is. xi, 1.) — A gauche : Jérémie, pleurant les infidélités de son peuple et les malheurs de Jérusalem, fait allusion aux douleurs de la Sainte Vierge sur le Calvaire : *O vos omnes, qui transitis per viam, attendite et videte si est dolor sicut dolor meus.* (Lament. i, 12.)

« 4º A droite : Daniel, avec un phylactère sur lequel est écrit : lxx hebdomades..., comme ayant annoncé l'époque précise de la venue du Sauveur : *Septuaginta hebdomades abreviatæ sunt super populum tuum... ut consummetur prevaricatio... et ungatur Sanctus sanctorum.* (Dan. ix, 24.) — A gauche, Zacharie, avec un phylactère : xxx argenteos... Il prophétisa jusqu'au prix donné au traître qui vendit le Fils de l'homme : *Et appenderunt mercedem meam triginta argenteos.* (Zach. xi, 12.)

« 5º A droite : Ézéchiel, tenant une porte, symbole reconnu par les Pères comme figurant la virginité de Marie : *Porta hæc*

ÉGLISE DE BONSECOURS. Le Sanctuaire, côté de l'Evangile.

*clausa erit; non aperietur, et vir non transibit per eam : quoniam Dominus Deus Israel ingressus est per eam, eritque clausa.* (Ezech. XLIV, 2.) — A gauche : Jonas tenant un poisson, prophétie vivante de la résurrection, comme Jésus-Christ lui-même l'indique aux Juifs : *Sicut fuit Jonas in ventre cete tribus diebus et tribus noctibus, sic erit Filius hominis in corde terræ.* (Matth. XII, 34-40.)

« 6° A droite : Michée, avec un phylactère : Tu Bethleem... Il nomma plusieurs siècles d'avance le lieu où le Fils de l'homme devait voir le jour. *Et tu, Bethleem Ephrata, parvulus es in millibus Judæ : ex te enim egredietur qui sit dominator in Israel.* (Mich. V, 2.) — A gauche : Aggée, avec un phylactère : Veniet desideratus..., annonçant la fin de l'infidélité des peuples et la venue du Messie : *Et veniet desideratus cunctis gentibus.* (Agg. II, 8.)

« 7° A droite : Joel, montrant le soleil et la lune, annonce dans ces deux astres les signes du grand jour où Jésus-Christ jugera le monde : *Sol et luna obtenebrati sunt, et stellæ retraxerunt splendorem suum.* (Joel, III, 16.) — A gauche : Malachie, tenant un calice surmonté d'une hostie, rappelle le sacrifice eucharistique, qu'il a prophétisé d'une manière frappante : *Ab ortu enim solis usque ad occasum, magnum est nomen meum in gentibus; et in omni loco sacrificatur et offertur nomini meo oblatio munda.* (Mal. I, 11.)

« Enfin les neuf chœurs des anges[1], environnant le trône de leur Reine, complètent cette composition et achèvent de l'enrichir. La première hiérarchie, composée des *Chérubins,* des *Séraphins* et des *Trônes,* est placée au-dessus de la tête de la Sainte Vierge, au point de jonction des trois voussures chargées de feuilles; la deuxième hiérarchie, qui comprend les *Dominations,* les *Principautés* et les *Puissances,* se trouve à droite; et la troisième, formée des *Vertus,* des *Archanges* et des *Anges,* à gauche, à la naissance des mêmes voussures.

« Chacun de ces neuf chœurs est distingué par les symboles suivants : 1° les *Chérubins,* six ailes semées d'yeux ; 2° les

---

[1] Représentés seulement à mi-corps, alors que les patriarches et les prophètes sont en pied.

*Séraphins,* six ailes et des flammes ; 3º les *Trônes,* portés sur des roues ; 4º les *Dominations,* tenant le sceptre ; 5º les *Principautés,* portant une couronne ; 6º les *Puissances,* armées d'un glaive ; 7º les *Vertus,* des étoiles dans la main ; 8º les *Archanges,* tenant le bâton d'envoyés, comme les hérauts de Dieu auprès des hommes ; 9º les *Anges,* avec des encensoirs. »

Le portail latéral gauche représente *sainte Anne* assise sur un trône, tenant sur ses genoux un livre où elle apprend à lire à la jeune Marie. En face de celle-ci, Joachim, accoudé sur un des bras du siège de son épouse, contemple sa fille bien-aimée. Ce groupe est surtout remarquable par la justesse et la sincérité du mouvement des personnages.

Le portail latéral de droite est consacré au *Mariage de Marie.* Celle-ci tend son doigt à l'anneau que lui présente saint Joseph ; le grand prêtre tient leurs mains, qu'il rapproche l'une de l'autre.

Les voussures de ces deux portails sont visiblement inspirées des deux portails latéraux de la cathédrale de Rouen, proches de la tour de Beurre et de la tour Saint-Romain. La frise centrale surtout, les chapiteaux des colonnettes, leurs bases garnies de griffes et de riches cordons de perles ou de pointes de diamant, reproduisent fort exactement les beaux modèles du style de transition de la fin du XIIᵉ siècle, qui décorent notre primatiale.

Pour en finir avec cette façade, notons encore l'agencement harmonieux des pyramides qui en fortifient les deux angles, et les deux contreforts qui séparent les portails ; au sommet de chacun d'eux, une niche, en forme de dais, abrite un ange debout développant un phylactère qui n'offre aucune inscription.

Des gargouilles semblent sortir de la base de chacun des gables, dont elles vomissent les eaux. Le même détail, en moindres proportions, se montre aux portes latérales, par lesquelles nous achèverons la visite de l'extérieur.

Au-dessus d'un gable sévère, qui semble régner en avant de la fenêtre ogivale de la quatrième travée en partant de la façade, s'inscrit une archivolte uniquement composée de moulures reposant sur des colonnettes. Au centre de cette archivolte, un tympan représente :

1° Pour la porte située à l'opposé du presbytère :

L'*Annonciation de la Très Sainte Vierge.*

Le sujet est traité en deux compartiments. Dans la partie supérieure, le Père Éternel est assis, recevant les adorations et les encensements de deux anges. Au-dessous, l'ange Gabriel agenouillé devant Marie; elle-même est à genoux sur un prie-Dieu, au pied duquel un grand vase d'où sort un lis, symbole de la pureté. Au-dessus, le Saint-Esprit plane sous la figure d'une colombe au nimbe crucifère.

2° Pour la porte située vers la maison presbytérale :

La *Translation de la Santa-Casa,* ou sainte Maison de Lorette, que quatre anges assez gracieux emportent sur leurs épaules. Nous voudrions pouvoir louer également le paysage au-dessus duquel s'envolent les célestes messagers, mais notre plume s'y refuse. Heureusement nous retrouvons ailleurs la signature de l'artiste qui a sculpté ce monolithe.

Rappelons seulement, pour mémoire, que toute la construction repose directement sur le rocher, ce qui n'a rendu nécessaires que d'assez faibles fondations.

La roche dure de Chérence a servi pour les soubassements, la pierre de Vergelé et d'autres bancs de la vallée de l'Oise pour les parties supérieures; de nombreuses traces de coquilles s'y montrent, principalement aux parties basses du portail.

L'édifice domine de deux à quatre marches tout le sol environnant ; et des grilles, dont chaque barreau est surmonté d'un fleuron doré, le protègent tout à l'entour. Ces grilles, qui furent placées en 1872, sortent des ateliers de M. Virlouvet, de Rouen ; elles furent posées par les soins de M. Pascal Lefebvre.

A l'angle droit du portail, au pied du gros contrefort qui contre-bute le clocher, une petite croix, tracée dans du ciment, indique la place de la première pierre.

Des deux côtés de la grand'porte, deux croix grecques, gravées dans la pierre, rappellent la consécration.

Des ferrures artistiques, dans le style du XIIIᵉ siècle, doivent un jour orner ces portes, comme l'annonçait déjà, en 1847, M. l'abbé Godefroy : le jour viendra bientôt sans doute où l'on pourra les admirer, et c'est pourquoi nous rappelons ici ce projet du pieux fondateur.

# CHAPITRE III

'EST par la porte latérale que nous venons de décrire que l'on pénètre habituellement dans l'église de Bonsecours.

L'œil est tout d'abord attiré par la lueur des cierges nombreux qui brûlent devant l'image sainte de la patronne du lieu. Portons-lui donc tout d'abord notre hommage, comme à la Reine de ce palais splendide, à la maîtresse de cette maison qui voit venir tant d'infortunes, où tant de secrètes douleurs trouvent un adoucissement.

Pour lui plaire, n'oublions pas de saluer aussi son divin Fils, habitant de ce tabernacle qui scintille de tant de feux. C'est du pied même de l'autel de la Vierge que nous partirons ensuite pour inventorier les richesses qui sollicitent notre attention.

Nous pensons qu'ils sont bien rares ceux qui, entrant pour la première fois dans l'église de Notre-Dame, n'éprouvent pas d'abord un éblouissement. Si riches sont les cou-

3.

leurs qui enveloppent la pierre depuis le sol jusqu'à la
voûte, si abondant est l'or qui ruisselle de toutes parts, que
l'étonnement saisit avant l'admiration. Ensuite les impressions se classent, pour ainsi dire, et, pour mieux apprécier
l'ensemble, on éprouve le besoin d'examiner les détails.


I. — LES PEINTURES

Quand l'architecte eut posé la dernière pierre du monument si admirablement conçu par le curé de Bonsecours,
en présence des ressources qui continuaient à affluer à mesure que les foules se pressaient sur le chemin du merveilleux sanctuaire, il fallut s'occuper de sa décoration.

Après ce qui s'était passé, la triste question de finances,
où se brisent tant de beaux projets, n'était plus à considérer : il fallait faire beau, et le plus beau possible.

Un premier point fut vite décidé. M. l'abbé Godefroy et
M. Barthélemy avaient trop bien étudié les œuvres du moyen
âge pour ne pas tomber d'accord sur ce principe fonda-
mental: que l'église de Bonsecours devait être à l'intérieur
décorée de riches peintures.

Mais, le principe une fois posé, ces deux esprits, si distingués et si bien faits pour se compléter l'un par l'autre, se
trouvèrent divisés.

Un artiste décorateur d'un incontestable talent, qui d'ailleurs venait de donner la mesure de son mérite en travaillant
aux chapelles de Notre-Dame de Paris, fut chargé de préparer
un projet d'ornementation. Celui qu'il présenta d'abord, se
rapprochant de ses derniers travaux, était conçu dans une
gamme de couleurs très discrète et très tempérée; il répondait aux sentiments de M. Barthélemy. M. l'abbé Godefroy
comprenait autrement la chose : il voulait des tons crus et
francs, relevés par beaucoup d'or.

Il faut avouer que l'impression produite sur le public par les premiers essais donna raison à l'architecte; on trouva généralement les peintures de Bonsecours dures et criardes, et on leur reprocha de blesser l'œil plutôt que de l'attirer. Mais quand l'unification se fut produite par l'achèvement de l'œuvre; quand l'or eut étendu ses fines découpures, ses arabesques légères, ses mailles réticulées et ses semis délicats sur les fonds si éclatants, il sembla que tout se fondît et prît un autre caractère. Est-ce notre œil qui s'habitue à une décoration exceptionnelle il y a vingt-cinq ans, et qui, depuis, tend chaque jour à se généraliser en envahissant nos maisons et en cherchant à envahir nos temples? Est-ce parce que les fonds sont devenus plus doux à l'œil en recevant du temps cette patine qui donne un prix nouveau à la plupart des œuvres artistiques?

Il est certain que les peintures de l'église de Bonsecours se ternissent assez vite, puisqu'une partie considérable en a dû être refaite, dans ces dernières années; il est non moins évident qu'aujourd'hui, quelle qu'en soit d'ailleurs la raison, on ne s'étonne plus autant, et surtout on se choque moins, de cette profusion de couleurs qui fut jadis si discutée, disons même si critiquée, sans que ni blâmes ni critiques parvinssent à faire sortir de sa voie M. Godefroy.

Lui-même a d'ailleurs exprimé ses impressions et sa pensée dans quelques pages manuscrites, qui suffisent à la description de ces peintures, dont non seulement il dirigea l'exécution, mais qu'il exécuta lui-même en grande partie, avec le concours dévoué des vaillants collaborateurs qu'il avait su s'attacher : MM. Bouvier, Dubois, Liégeard, etc. Voici comment il décrivait son œuvre :

« L'église entière, depuis la porte d'entrée jusqu'au sanctuaire, depuis le pavé jusqu'à la voûte, est peinte dans toutes ses parties

La pierre a complètement disparu sous les plus harmonieuses couleurs, mariées ensemble dans de justes proportions et rehaussées partout de dessins en or ; elles sont tout à la fois d'un riche et saisissant effet.

« Les nervures et les culs-de-lampe des voûtes, les colonnettes du triforium, les meneaux des fenêtres, entièrement dorés, offrent à l'œil la richesse d'un précieux métal. Le fût des grosses colonnes qui soutiennent l'édifice est couvert d'un semis d'or qui se détache sur fond d'azur. Les colonnettes qui les entourent, chacune d'une nuance particulière, sont enrichies dans toute leur hauteur d'arabesques en or sagement combinées ; l'or qui recouvre les feuillages des chapiteaux est habilement découpé par quelques filets verts, qui donnent plus d'effet à cette végétation déjà si splendide et si variée.

« Au-dessus de ces chapiteaux viennent se reposer dix-huit grandes ogives formant chacune deux larges écoinçons. On y a peint à fresque trente-six anges aux ailes déployées, qui soutiennent des banderoles sur lesquelles on lit un verset des litanies de la Très Sainte Vierge. Chacune de ces figures porte en outre un emblème en rapport avec le texte du phylactère qu'elle développe. C'était un moyen de sortir de la monotonie de la peinture d'ornement, et de donner de la vie à ces riches murailles. Là, comme dans tout le reste de l'édifice, quelques personnes pieuses ont couvert la dépense, avec l'espoir que l'ange dont elles ont fait peindre l'image dans la miraculeuse église portera jusqu'au trône de la Reine des cieux la louange que lui adresse la terre par leur entremise.

« Un mot sur chacun de ces textes fera comprendre la raison et la justesse de ces appellations que l'Église applique à Marie[1].

« Au côté septentrional, en commençant par le bas de l'église pour remonter par le chœur, on lit sur la banderole de l'ange :

« 1º VIRGO CLEMENS, *Vierge clémente*. L'ange tient dans sa main des chaînes brisées, témoignage muet de la clémence

---

[1] Nous sommes, à notre grand regret, obligé d'abréger beaucoup les pieuses réflexions de M. l'abbé Godefroy ; mais toutes les citations conservées sont textuelles.

de Marie envers différentes sortes de malheureux et de coupables.

« 2º VIRGO POTENS, *Vierge puissante*. Attribut : un sceptre. Les titres glorieux de Marie lui assurent une autorité sacrée sur le cœur de Jésus-Christ. Sa puissance, on le comprend, doit être proportionnée à la hauteur de ses dignités et à la grandeur de ses privilèges; or quelle dignité plus sublime que celle de Mère de Dieu?

« 3º DOMUS AUREA, *Maison d'or*. Attribut : un édicule doré. Plus belle, plus pure, plus inaltérable que l'or, Marie est cette resplendissante demeure que le Père Éternel a préparée avec une amoureuse sollicitude, que l'Esprit-Saint a ornée de tous les trésors de sa grâce, et que le Verbe divin a choisie pour l'habiter.

« 4º JANUA CŒLI, *Porte du ciel*. Attribut : un portique. Voyez ce cortège qui s'avance vers la céleste patrie : ces enfants, ces adolescents, ces hommes affermis dans la vertu, ces vieillards ; qui les a couverts d'une égide tutélaire? qui leur a tendu une main charitable à l'heure du danger? C'est Marie, qui, par ses incessantes prières, est devenue pour eux la Porte du ciel.

« 5º REFUGIUM PECCATORUM, *Refuge des pécheurs*. Attribut : un cœur percé d'un glaive. Quoique douloureusement affectée par les péchés des hommes, Marie reçoit les pécheurs avec cette bonté miséricordieuse qui allège le poids de leurs fautes et les aide à en obtenir le pardon.

« 6º SALUS INFIRMORUM, *Salut des infirmes*. Attribut : deux béquilles. Pauvres paralytiques, aimable enfant, espoir d'une famille, tendre mère, infirmes de toutes sortes, qui vous a fait sortir de votre lit de douleur? Tous d'une commune voix répondent : C'est Marie !

« 7º SPECULUM JUSTITIÆ, *Miroir de justice*. Attribut : une balance. Pour être juste et saint, deux choses sont nécessaires : recevoir beaucoup de grâces, y correspondre fidèlement. Or qui reçut jamais plus de grâces que Marie? et qui jamais y apporta une fidélité plus constante?

« 8º SEDES SAPIENTIÆ, *Siège de la sagesse*. Symbole : un trône. Marie est une reine qui commande à toutes les puissances de son âme; c'est le plus pur reflet de la sagesse éternelle.

« 9° MATER PULCHRÆ DILECTIONIS, *Mère du bel amour.* Symbole : un cœur enflammé. Aimer Dieu avec toute la perfection dont une créature est capable ; aimer les hommes avec tout le dévouement de la plus tendre des mères : voilà le cœur de Marie.

« 10° MATER SANCTÆ SPEI, *Mère de la sainte espérance.* Symbole : une ancre. Dans ces moments suprêmes où tout espoir est perdu, semble-t-il, du côté des hommes, il reste encore, au fond d'un cœur chrétien, un sentiment inexpugnable : c'est l'espérance en la bonté maternelle de Marie.

« 11° VIRGO PRÆDICANDA, *Vierge qu'on doit célébrer.* Symbole : une trompette. Les anges, au plus haut des cieux, célèbrent les grandeurs de Marie ; les hommes, sur la terre, en publient les bienfaits ; son nom est acclamé par la reconnaissance jusqu'aux extrémités du monde.

« 12° VIRGO PRUDENTISSIMA, *Vierge très prudente.* Symbole : une lampe allumée. Semblable aux vierges prudentes dont l'Évangile fait l'éloge, Marie n'a jamais laissé s'éteindre le feu sacré que Dieu avait allumé dans son âme, c'est-à-dire la foi et l'amour.

« 13° MATER PURISSIMA, *Mère très pure.* Symbole : un lis. Son incomparable pureté, qui semblait devoir enlever à l'humble Vierge l'espérance de donner naissance au Messie, fut la cause principale de son élévation à la maternité divine.

« 14° ROSA MYSTICA, *Rose mystique.* Symbole : une rose. De même que la rose l'emporte sur toutes les autres fleurs par la douceur de son parfum, de même Marie l'emporte sur toutes les filles d'Israël par les grâces dont Dieu l'a comblée.

« 15° REGINA CONFESSORUM, *Reine des confesseurs.* Symbole : une couronne[1], attribut de la royauté. On appelle *confesseurs* ceux qui ont souffert pour leur foi et qui, pour la conserver, se montrèrent disposés à tous les sacrifices. Marie, qui se dérobe aux honneurs quand son Fils est acclamé par tout le peuple, n'a garde de manquer à le suivre dans le cours de sa douloureuse Passion.

« 16° REGINA PATRIARCHARUM, *Reine des patriarches.* La postérité de Marie surpasse la leur ; car, au moment solennel

---

[1] Le même symbole s'applique aux sept invocations suivantes.

ÉGLISE DE BONSECOURS. Le Sanctuaire, côté de l'Epitre.

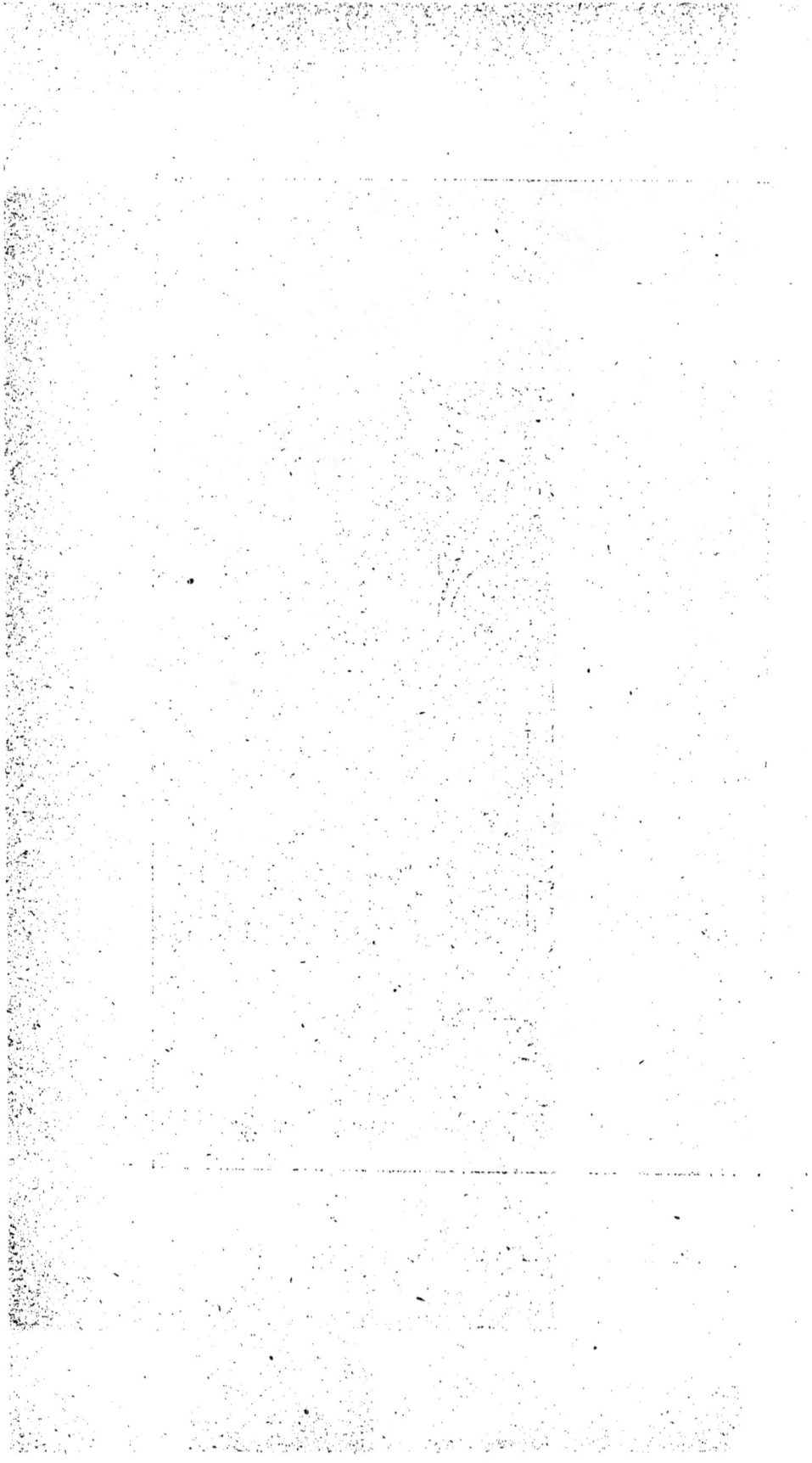

d'exprimer à la terre ses dernières volontés, le Christ mourant lui donna tous les hommes pour enfants.

« 17º REGINA MARTYRUM, *Reine des martyrs.* Les glorieux athlètes de Jésus-Christ versaient leur sang, il est vrai ; mais quelques heures de souffrances leur suffisaient pour conquérir la palme. La vie entière de Marie fut un martyre continuel.

« 18º REGINA ANGELORUM, *Reine des anges.* Gabriel, un des princes les plus élevés parmi ces saintes intelligences, inclinait son front radieux devant la Vierge de Nazareth, et tous les anges s'unissaient à son respectueux salut ; de quels honneurs ne l'environnent-ils pas, maintenant qu'elle siège comme une reine au-dessus des plus sublimes hiérarchies célestes? »

Passons maintenant du côté de l'épître, en descendant du sanctuaire aux orgues.

« 19º REGINA PROPHETARUM, *Reine des prophètes.* Si l'Esprit-Saint entrait dans d'intimes communications avec ceux qui n'étaient que des serviteurs, n'a-t-il pas dû faire davantage pour Celle qu'il a honorée du titre d'épouse?

« 20º REGINA APOSTOLORUM, *Reine des apôtres.* Faibles encore et inexpérimentés, il fallait qu'une main maternelle dirigeât leurs premiers pas ; Marie fut ce conseiller charitable, ce guide assuré pour eux.

« 21º REGINA VIRGINUM, *Reine des vierges.* Marie est la Vierge par excellence, la Vierge modèle, sur laquelle se sont formées et se formeront tous les jours encore les anges de la terre.

« 22º REGINA SINE LABE CONCEPTA, *Reine conçue sans péché.* Le décret qui a confirmé cette pieuse et séculaire croyance à l'Immaculée Conception de la Très Sainte Vierge, Mère de Dieu, a fait tressaillir de joie tout l'univers catholique.

« 23º STELLA MARIS, *Étoile de la mer.* Symbole : une étoile. Entendez-vous la tempête? Voyez-vous la mer agitée jusque dans ses profondeurs? Tout l'équipage à genoux élève des mains suppliantes vers Marie, et voici que soudain une puissance invisible soulève le vaisseau et le conduit au port.

« 24º STELLA MATUTINA, *Étoile du matin.* Marie est cette étoile mystérieuse qui guide nos pas à travers les sentiers obscurs et difficiles de la vie, qui, par sa bénigne influence, calme les agitations de notre cœur et le fait triompher de ses penchants vicieux.

« 25° AUXILIUM CHRISTIANORUM, *Secours des chrétiens.* Symbole : un bouclier chargé d'une croix. Une des plus mémorables victoires remportées par les chrétiens sur l'islamisme est due à la protection de Marie. En témoignage de sa pieuse gratitude pour le triomphe de Lépante (7 octobre 1571), le pape Pie V ajouta aux litanies ce verset.

. « 26° CONSOLATRIX AFFLICTORUM, *Consolatrice des affligés.* Symbole : une couronne d'épines. L'expérience prouve qu'il n'est pas de malheureux qui ne trouve auprès de Marie un adoucissement à ses maux; aussi lit-on partout sur ces éloquentes murailles : *Reconnaissance à Marie.*

« 27° PULCHRA UT LUNA, *Belle comme la lune.* Semblable à l'astre des nuits, qui reflète la lumière du soleil, Marie est la créature en qui se sont retrouvées, aussi parfaitement que possible, les divines perfections du Soleil de justice.

« 28° ELECTA UT SOL, *Distinguée comme le soleil.* De même que le soleil a été créé pour porter jusqu'aux extrémités du monde la lumière et la vie, Marie a été choisie parmi les enfants des hommes pour répandre partout ses bénignes influences.

« 29° TURRIS DAVIDICA, *Tour de David.* Symbole : une tour garnie de boucliers, image de ce qu'est Marie dans la société chrétienne; c'est elle qui fait la force de l'Église; c'est par elle que celle-ci sera constamment supérieure à tous les ennemis conjurés pour sa ruine.

« 30° [TURRIS EBURNEA, *Tour d'ivoire*[1]. C'est sa pureté qui fait la force de Marie; la dent du serpent infernal glisse ou se brise contre elle.]

« 31° QUASI CYPRESSUS IN MONTE SION, *Elle est semblable au cyprès de la montagne de Sion*[2]. Les cyprès tempèrent par leur ombrage les ardeurs du soleil; Marie abrite sous le voile de sa maternelle sollicitude ceux qui ont à porter le poids de la chaleur et du jour.

[1] M. l'abbé Godefroy a oublié de décrire cet emblème.
[2] Cette invocation n'est pas empruntée aux litanies non plus que celles des paragraphes 32, 35 et 36.

« 32º Quasi cedrus in Libano, *Elle ressemble au cèdre du Liban.* Quoique le cèdre soit le plus élevé et le plus incorruptible des arbres, Marie surpasse bien mieux que lui tous les enfants d'Adam.

« 33º Vas insigne devotionis, *Vase insigne de dévotion.* C'est en vain qu'on chercherait dans les cœurs humains les plus privilégiés des affections aussi tendres pour Dieu, un dévouement aussi parfait, un abandon aussi entier que dans le cœur de Marie.

« 34º Vas spirituale, *Vase spirituel.* La sainte Vierge vivait dans le monde, mais sans tenir à la terre; son âme, en communication continuelle avec Dieu, imprimait à toute sa vie un cachet de spiritualité qu'on ne rencontre point aussi parfait ici-bas.

« 35º Quasi oliva speciosa, *Semblable à l'olive précieuse.* L'huile adoucit bien des choses : elle sert de base aux parfums, comme aux remèdes les plus salutaires; elle s'emploie pour la consécration des pontifes et des rois. Marie est, à vrai dire, la douceur de la vie chrétienne, la créature embaumée d'un parfum tout divin, le remède salutaire à tout cœur ulcéré, la protectrice la plus fidèle du sacerdoce et de la royauté.

« 36º Quasi vitis fructifera, *Donnant des fruits comme une vigne bénie.* Que votre fécondité est grande, ô Marie! elle augmente chaque jour le nombre des enfants de Dieu, et, chaque jour, les rend meilleurs. »

## II. — LES COLONNES

Les colonnes qui supportent les arceaux décorés de cette suite de sujets angéliques sont, à leur partie haute, ornées d'écussons ou de chiffres; ce sont ceux des donateurs, dont voici les noms, publiés par M. l'abbé Godefroy dans sa brochure sur *l'Église de Notre-Dame de Bonsecours* (p. 20-21); nous les donnons dans l'ordre alternatif des piliers, en commençant au bas du sanctuaire, du côté de l'Évangile :

1º A l'angle du sanctuaire et de la chapelle de la Très-

Sainte-Vierge : Mɢʳ ᴅᴇ Fᴏʀʙɪɴ-Jᴀɴsᴏɴ, évêque de Nancy et primat de Lorraine.

2º A l'angle du sanctuaire et de la chapelle de Saint-Joseph : Mɢʳ J.-A. Gɪɢɴᴏᴜx, évêque de Beauvais.

3º Mᵐᵉ Clotilde ᴅᴇ Bʀɪssᴀᴄ, baronne Vᴀɴ ᴅᴇ Wᴇʀᴅᴇ ᴅᴇ Sᴄʜɪʟʟᴇ (Anvers).

4º M. le comte ᴅᴇ Bʀɪssᴀᴄ et Mᵐᵉ Henriette ᴅᴇ Mᴏɴᴛᴍᴏ-ʀᴇɴᴄʏ, comtesse ᴅᴇ Bʀɪssᴀᴄ, son épouse.

5º M. l'abbé Dᴜᴘᴀɴʟᴏᴜᴘ, ancien vicaire général de Paris (depuis évêque d'Orléans).

6º M. l'abbé ᴅᴇ ʟᴀ Bᴏᴜɪʟʟᴇʀɪᴇ, vicaire général de Paris (depuis coadjuteur de Bordeaux).

7º M. l'abbé Gʀᴇsɪʟ, curé de Saint-Maclou de Rouen.

8º M. l'abbé Lᴇꜰᴇʙᴠʀᴇ, curé doyen de Darnétal.

9º M. l'abbé Lᴇᴄœᴜʀ, chanoine de la métropole de Rouen.

10º M. l'abbé Dᴜᴍᴇɴɪʟ, curé de Saint-Vincent de Rouen.

11º M. l'abbé Bᴇᴜᴢᴇʟɪɴ, curé de Sᵗᵉ-Madeleine de Paris.

12º M. l'abbé Vᴀʟʟᴇᴇ, curé de Sᵗᵉ-Madeleine de Rouen.

13º M. l'abbé Sᴏᴜǫᴜᴇᴛ-Lᴀᴛᴏᴜʀ, curé de Saint-Thomas-d'Aquin, à Paris.

14º Mᵐᵉ veuve Édouard Lᴀʙʀɪᴇʀᴇ, de Rouen.

15º M. François Hᴀᴜʟᴏɴ, de Rouen.

16º M. Dᴇʟᴀᴍᴀʀʀᴇ-Dᴇʙᴏᴜᴛᴇᴠɪʟʟᴇ, de Rouen.

17º MM. H... frères, de Rouen.

18º Les Éʟᴇᴠᴇs du Grand Séminaire de Rouen.

Chacune des colonnes de la nef était estimée 300 francs; mais quelques-uns des donateurs dépassèrent de beaucoup cette somme. Parmi ceux qui contribuèrent à l'érection des colonnes, M. Godefroy cite encore :

M. l'abbé ᴅᴇ Dʀᴇᴜx-Bʀᴇᴢᴇ (depuis évêque de Moulins); M. l'abbé Rɪᴄʜᴏᴍᴍᴇ, curé de...; Mᵐᵉ ᴅᴇ Nᴀɢᴜ, marquise de Mᴏʀᴛᴇᴍᴀʀ; M. Lᴀɪʀ ᴅᴇ Lᴀᴜʀɪsᴛᴏɴ, receveur général des finances.

Ceux-ci contribuèrent peut-être à l'érection des piliers de la tour; mais leurs armes et leurs noms ne figurent nulle part sur les pierres du monument.

### III. — LES BAS-RELIEFS

L'examen des colonnes nous a ramenés vers le portail. Nous y trouvons, au-dessus de deux bénitiers en marbre assez malheureux de style, deux bas-reliefs qui, eux aussi, appartiennent à la partie décorative de l'édifice.

Du côté de l'Épître, c'est *la Mort et l'Assomption de la Très Sainte Vierge*. Marie est étendue sur la couche funèbre où elle vient seulement d'expirer; les douze Apôtres l'environnent. Au milieu d'eux notre divin Sauveur bénit sa très sainte Mère, dont il emporte l'âme, figurée par une enfant assise sur son bras gauche et s'appuyant tendrement contre Lui. Pour bien exprimer cette pensée, il eût été bon, croyons-nous, d'entourer la petite figure du *nimbe en forme d'amande,* qui spécialise ordinairement les âmes des Bienheureux, sans quoi l'on a peine à comprendre ce que fait là cette petite fille.

Du côté de l'Évangile, c'est la proclamation du *Dogme de l'Immaculée Conception.* Le Souverain Pontife est debout en avant d'un trône, il tient en main le décret; de nombreux évêques l'entourent, parmi lesquels l'artiste a voulu représenter Mgr de Bonnechose et M. l'abbé Godefroy; c'est celui-ci qui est agenouillé à la gauche de Pie IX.

La partie supérieure de ces deux bas-reliefs est à peu près identique. La Vierge, debout, les mains jointes, est entourée d'un nuage affectant la forme de nimbe; d'un côté, six anges la soutiennent et semblent l'emporter aux cieux; de l'autre six anges, placés à ses côtés, semblent former un concert, où le *triangle* et le *serpent* donnent une note peut-être un peu moderne.

C'est en 1872, et par les soins du digne successeur de M. l'abbé Godefroy, que ces deux belles pages ont été composées et sculptées par M. Fulconis, auteur de presque toute la statuaire de l'église de Bonsecours.

## IV. — LES EX-VOTO

Si le pieux fondateur comptait vraiment décorer de peintures toutes les murailles de son église du pavé jusqu'à la voûte, il lui fallut reculer devant l'empressement des fidèles à les couvrir d'ex-voto, qui ont envahi peu à peu, non seulement toutes les surfaces planes qu'on a pu leur abandonner, mais jusqu'aux degrés du chœur, jusqu'aux marches du sanctuaire, jusqu'aux soubassements des autels et des stalles, et qui sans doute déborderont bientôt dans la nef et dans les sous-ailes jusqu'à les paver entièrement.

Nous ne saurions dire le nombre de ces témoignages touchants de reconnaissance et de foi : on pourra s'en faire une idée quand on saura que, sur chacun des entre-colonnements des vingt travées, il y a, en moyenne, soixante plaques de marbre, blanc à partir de la cimaise, rouge veiné au-dessous, soit plus de douze cents inscriptions sur les seuls murs latéraux, sans tenir compte des surfaces du portail.

Que de grâces obtenues, que de douleurs apaisées, que de consolations ou de secours accordés par l'intercession de Marie représentent ces ex-voto, qui, dans leur concision voulue, forment pourtant comme un poème chanté par la foi et l'amour, par la piété et la reconnaissance, en l'honneur de la Vierge Mère, de cette aimable et chaste créature si chère à la Divinité, si bonne et si douce pour les hommes!

Jetons les yeux au hasard sur ce livre toujours ouvert :

Reconnaissance a Marie ! C'est la note dominante; elle

reparaît fréquemment sous cette formule équivalente : J'AI PRIÉ MARIE ET J'AI ÉTÉ EXAUCÉ !

Parfois plus brièvement : GRACES OBTENUES ; ou, dans un élan du cœur : GLOIRE A MARIE !

Plus brièvement encore, un chiffre et un millésime : A. B. 1873 ; une simple date : 5 MAI 1856. — 9 JUIN 1834 (c'est la plus ancienne plaque de marbre).

Du rapprochement fortuit de deux tablettes naît parfois une opposition qui ne manque pas d'éloquence :

| | |
|---|---|
| EXAUCEZ-MOI, MON DIEU.<br>F. B. | MAGNIFICAT ANIMA MEA<br>DOMINUM.   T. F. H. |

Ici c'est un cri de souffrance : MARIE, VOUS QUI CONNAISSEZ NOS DOULEURS, SECOUREZ-NOUS ! Un accent de résignation : CONSOLATION DES CŒURS BRISÉS, PROTÉGEZ-NOUS TOUJOURS ! Un sentiment de douce confiance : A MARIE, MÈRE DES ORPHELINS, DEUX CŒURS RECONNAISSANTS (et trop pauvres sans doute pour faire chacun son offrande, car les initiales diffèrent : B. P. — E. D.).

Un frémissement de bonheur ne vibre-t-il pas dans ces lignes : A NOTRE-DAME DE BONSECOURS, POUR LA BÉNÉDICTION D'UN HEUREUX MARIAGE ! Un soupir d'allègement dans ce mot : SAUVÉ PAR MARIE ! Tel ose à peine formuler sa requête : SANTÉ DES MALADES, PRIEZ POUR NOUS ; tel en a obtenu l'effet : VOUS M'AVEZ SECOURU DANS LA TRIBULATION !

Quelle douce effusion dans ce verset de la sainte Écriture, évidemment dicté par un saint prêtre : OMNIA BONA VENERUNT PARITER CUM ILLA ! 1830, 54, 56, 72. — J. P., CURÉ.

Mais ce sont surtout les épreuves et les douleurs de la famille qui ont peuplé ce sanctuaire de dalles suppliantes ou joyeuses : RECONNAISSANCE A MARIE, ELLE A GUÉRI NOTRE ENFANT. — MARIE M'A CONSERVÉ MA MÈRE. — RECONNAIS-

SANCE A NOTRE-DAME DE BONSECOURS, ELLE M'A CONSERVÉ
MES TROIS FILS. — POUR AVOIR SAUVÉ NOTRE FILLE.

Celle-ci prie POUR SON AMIE MALADE; celle-là remercie
POUR SON VIEUX DOMESTIQUE MIRACULEUSEMENT ÉCHAPPÉ A LA
MORT.

Parfois la grâce est toute spirituelle : RECONNAISSANCE A
MARIE POUR LA CONVERSION DE NOTRE PÈRE. — RECONNAIS-
SANCE A MARIE POUR MA VOCATION.

Parfois le miracle est patent; l'orgueil humain doit s'in-
cliner : MON FILS EST SAUVÉ ! LA SCIENCE AVAIT DIT : NON. —
RECONNAISSANCE A MARIE. LA MÉDECINE IMPUISSANTE. — T. B.;·
DOCTEUR T... (le nom est en toutes lettres), PARIS, LE
14 JANVIER 1872.

La sollicitude maternelle s'inquiète pour un fils bien-
aimé : ÉTOILE DE LA MER, DAIGNEZ PROTÉGER RAOUL, MON
FILS UNIQUE, MARIN; et la bonté de Marie suit le marin sur
tous les océans : AU MILIEU D'UNE TEMPÈTE J'AI PRIÉ MARIE,
J'AI ÉTÉ EXAUCÉ. — RECONNAISSANCE. DANS LES MERS DE
L'INDE, LE 25 OCTOBRE 1853. — RECONNAISSANCE A LA
VIERGE. MERCI POUR MON MARI SAUVÉ D'UN CRUEL NAU-
FRAGE.

Ici l'épreuve était double : JE DOIS A LA PROTECTION DE
MARIE : MON ENFANT SAUVÉ D'UNE CRUELLE MALADIE, MON
MARI SAUVÉ D'UN NAUFRAGE, TOUS DEUX AU MÊME MOMENT.

Le captif implore dans ses fers la Vierge de son cher
pays : PRISONNIER A NESS, EN SILÉSIE, J'AI INVOQUÉ NOTRE-
DAME DE BONSECOURS, ELLE M'A EXAUCÉ. — ROUEN, 2 SEP-
TEMBRE 1872.

Le soldat regarde vers elle en s'élançant à l'assaut : DANS
SÉBASTOPOL, AU MILIEU DES COMBATS, J'AI INVOQUÉ MARIE, J'AI
ÉTÉ EXAUCÉ. — L. T. 1855.

Toutes les dates militaires de ce dernier demi-siècle sont
inscrites sur les murailles de Notre-Dame de Bonsecours :

Magenta et Solférino ; Frœscheviller et Sedan ; Siège de Paris, 1870.

Jours glorieux, jours funestes, Marie a toujours été là.

| A vous sainte Mère de Dieu. | Reconnaissance a Marie. |
|---|---|
| 12 octobre 1854 ⎱<br>7. 8. 9 juin 1855 ⎰ Guerre<br>8 septembre 1855 ⎰ de Crimée.<br>30 juin 1856 ⎰<br>G. R. S.S. lieutenant-colonel<br>d'infanterie. | Siège de Paris<br>Villiers-sur-Marne, 30 nov. 1870<br>Le Bourget, 22 octobre 1870<br>Buzenval, 19 janvier 1870<br>Campagne de France 1870-1871<br>E. et G. M. Officiers de mobile. |

Lisez cette constatation si consolante en sa simplicité :

O Marie ! vous avez sauvé dans la guerre
tous les mobiles de Rouen associés
a la Sainte-Enfance !

1870.

Dans la chapelle de la Très-Sainte-Vierge, signalons deux ex-voto qui se distinguent des autres, l'un par sa forme artistique, l'autre par son originalité.

Le premier, que des initiales assez transparentes, ce nous semble, nous engagent à attribuer à l'un des plus féconds historiographes de Rouen, est en belle pierre sculptée.

Il forme un carré long dans lequel est inscrite une arcade trilobée, sur le bandeau de laquelle on lit cette salutation :

Ave, candidvm lilivm fvlgidæ semperqve tranqvillæ trinitatis ; ave, vernans rosa sempiternæ amœnitatis (Ex Blosio). — C'est-à-dire : *Salut, lis blanc, cher à la Trinité toujours glorieuse et paisible ; salut, rose printanière, dont le charme est éternel.* (Pierre de Blois.)

Sous l'arcade, la Vierge Marie, le cœur percé des sept glaives mystiques; deux anges agenouillés lui offrent un *lis* et une *rose ;* deux fleurs semblables remplissent les écoinçons, et, comme les anges eux-mêmes, répondent au double symbole qu'exprime la salutation.

Une petite frise sépare les trois personnages sculptés de l'inscription votive proprement dite, laquelle est conçue en ces termes :

Anno reparatæ salvtis MDCCC LIII, vxoris, post longam desperatamque ægrotationem, impetrata salvte, ego, Leo de D..., hanc tabvlam, ad perpetvam rei memoriam et singvlaris erga beatæ Virginis Mariæ septem dolores pietatis monvmentvm, ecclesiæ Nostræ Dominæ de Bono Avxilio offerebam.

L'autre ex-voto, placé tout auprès de l'autel, et malheureusement percé d'un porte-cierge, représente une malade encore couchée dans son lit; à ses pieds est agenouillée une jeune fille qui relève la tête. En arrière du lit, un homme en redingote élève dans ses mains une statuette de la Très Sainte Vierge et la présente à la malade, en lui adressant sans doute les paroles qu'on lit au-dessous : Voila celle qui t'a sauvée! Inutile d'ajouter que meubles et costumes, tout en un mot dans ce dessin, gravé au trait sur marbre blanc, rappelle l'époque de la Restauration.

Deux inscriptions d'un autre ordre nous paraissent devoir être pieusement recueillies pour l'histoire de la paroisse et du pèlerinage de Blosseville-Bonsecours.

Elles se trouvent toutes deux vers le bas de l'église, contre la paroi du mur septentrional, c'est-à-dire du côté de la chapelle de Saint-Joseph, non loin du portail latéral. Elles sont gravées sur marbre noir.

La première est l'épitaphe d'un curé de Blosseville, inhumé dans l'ancienne église; seule cette humble tablette en rappelle la science et les vertus, en des vers qu'on a quelque peine à croire contemporains du grand Corneille, mais qui, dans leur simplicité naïve, ne laissent pas que de parler au cœur.

Nous respectons dans notre transcription la disposition des lignes et les formes orthographiques :

CY GIST MAISTRE PAVL

L'ALLEMANT

CVRE DISCRET HVMBLE ET SCAVANT

QVI FAVORY DES DESTINEES

GOVVERNA PAR CINQVANTE ANNEES

LA PAROISSE DE CE SAINT LIEV

EN LAMOVR ET CRAINTE DE DIEV

VOVS DONC, Ô SACREE MARIE

QVIL A DEVOTEMENT SERVIE

IVSQVES A LA FIN DE SES IOVRS

PRESTEZ LVY VOTRE BON SECOVRS

A LINTENTION DV DEFFVNCT PATER AVE

ET DE PROFVNDIS 1632.

La seconde inscription, actuellement masquée par un confessionnal, rappelle une fondation faite en l'église de Blosseville par Nicolas Bertin, bourgeois de Rouen, et Jeanne Loquet, sa femme, le 6 juin 1631.

Nous la reproduisons de même, lettre pour lettre :

HONORABLE HOMME NICOLAS

BERTIN BOVRGEOIS ET MARCHAND

DE ROVEN & IANE LOQVET SA FEM

4.

ME ONT FONDE A PERPETVITE EN
CESTE EGLISE LA PREMIERE BAS
SE MESSE QVON Y CELEBRE PAR
CHACVN DIMANCHE DE LANNEE
ET CINQ OBITS POVR LE LENDE
MAIN DES CINQ FESTES DE NOSTRE
DAME SVIVANT LE CONTRACT PASSE
DEVANT LES TABELLIONS LE 6^{me} IVIN
1631 PRIEZ DIEV POVR EVX & DON
NERONT AV PAVVRES A CHACVN DES
DIS AVBIS DEVX SOVS SIX DENIES

# CHAPITRE IV

## L'INTÉRIEUR — LES VERRIÈRES

A vitrerie de l'église de Bonsecours est particulièrement remarquable par l'unité de sa conception, la
variété de ses dessins et la richesse de ses
colorations. On ne s'en étonnera pas quand
on saura que la série complète des vingt vitraux des
basses-nefs et la rose du grand portail ont été composés
et dessinés par l'éminent auteur de la fameuse publication
des *Vitraux de la Cathédrale de Bourges,* le savant P. Arthur
Martin.

Profondément artiste en même temps qu'érudit, homme
de science autant que de goût, spécialiste et large d'idées,
imbu et comme imprégné d'une connaissance profonde du
style du XIIIe siècle, qu'il avait étudié si patiemment dans ses
meilleurs modèles, le P. Martin devint, pour MM. Godefroy
et Barthélemy, un guide et un coadjuteur précieux à plus
d'un titre. Il était toujours consulté; pour l'ameublement
surtout, ses heureuses inspirations et l'étendue de son savoir
furent souvent d'une grande ressource.

Conçus et dessinés par lui, les vitraux furent exécutés à Choisy-le-Roi, près Paris, dont la fabrique de verres peints jouissait en ce temps-là d'une juste réputation.

## I. — ABSIDE

Les cinq grandes verrières de l'abside ont dix mètres de hauteur.

Celle du fond représente la *généalogie de la Très Sainte Vierge*. Au-dessus des donateurs (M. le marquis de Belbeuf, pair de France, premier président à la cour royale de Lyon, et M^me Béatrix Terray, marquise de Belbeuf, son épouse), le vieux *Jessé* est couché, comme endormi, sur un lit de parade, qui occupe la largeur de la fenêtre entière; de sa poitrine sort une double tige (EGREDIETUR VIRGA EX JESSE) correspondant à la double suite de Rois qui occupe les deux lancettes. A gauche, *David*, caractérisé par sa harpe; à droite, *Salomon*, portant le temple de Jérusalem, ouvrent la série royale que représentent huit monarques, tenant, les uns des sceptres, les autres des phylactères. Dans la rosace, *la Très Sainte Vierge*, entre les genoux de laquelle l'Enfant Jésus est debout, bénissant de la main droite, et tenant un feuillet sur lequel on lit les lettres symboliques A-Ω.

Du côté de l'évangile, la seconde verrière (offerte par M. le baron Dupont-Delporte, pair de France, préfet de la Seine-Inférieure, et M^me J.-B. de Siruge, baronne Dupont-Delporte, son épouse), est consacrée aux *Vierges et saintes Femmes du Nouveau Testament*. Malheureusement, aucun ordre ne semble avoir été suivi dans l'arrangement de ces saints personnages, et, par une inconséquence regrettable, ceux qui ont monté ces panneaux ont placé maladroitement les fers sur les inscriptions. Nous avons pu seulement reconnaître, grâce à leurs caractéristiques : à gauche, en montant, *sainte Geneviève, sainte Clotilde* (?), *sainte Agnès, sainte* ... (abbesse, un cœur sur un livre), *sainte Catherine, sainte Cécile;* à droite : *sainte Marguerite, sainte Hélène, sainte...* (martyre), *sainte Philomène, sainte...* (martyre), *sainte...* (vase à parfums).

En face, du côté de l'épître : *Vierges et saintes Femmes de l'Ancien Testament* (don de M. Le Bourgeois, maire de Blosseville-Bonsecours). Les mêmes inconvénients ne permettent de reconnaître que : *Jaël,* à gauche en montant, *Rébecca, Suzanne, Sara, Ruth, ..., Rachel.* A droite, *Esther, Judith, Deborah, ..., ..., ...*

Dans les roses des deux vitraux, la *Très Sainte Vierge,* avec un phylactère: MVLTÆ FILIÆ CONGREGAVERVNT DIVITIAS: TV SVPERGRESSA ES VNIVERSAS : *Beaucoup de filles ont amassé des richesses (spirituelles) : vous les avez surpassées toutes.*

La grande verrière la plus voisine de la chapelle de la Sainte-Vierge offre le portrait et les armes du cardinal-prince de Croÿ; au-dessus, huit des *saints Pontifes de Rouen,* ses prédécesseurs. A gauche, en descendant : *saint Mellon, saint Godard, saint Romain* et *saint Hugues;* à droite : *saint Victrice, saint Prétextat, saint Ouen* et *saint Rémy.*

En face, près la chapelle de Saint-Joseph (dans le vitrail donné par la famille Dutuit), en descendant : à gauche, *saint Quirin, saint Germer, saint..., saint Gaucher;* à droite, *saint Waninge, saint Wandrille, saint Philibert, saint Gautier.* On voit qu'aucun ordre logique n'a présidé à ce classement. La Vierge, placée dans la rose, porte cette devise : FVNDAMENTA EJVS IN MONTIBVS SANCTIS : *Elle est fondée sur les saintes collines.*

Ces cinq verrières furent posées en 1842; on y lit qu'elles furent exécutées à Choisy-le-Roy, « D'APRÈS LES DESSINS DE GUÉRENTE, » qui a signé les deux dernières.

Tous les autres vitraux ont été si bien décrits par M. l'abbé
Godefroy, qu'il y aurait témérité à recommencer son travail.
Nous le reproduisons donc textuellement, d'après l'imprimé,
nous contentant d'indiquer les donateurs à leur place, au
lieu de les nommer en note.

Les sujets sont disposés de manière à être lus de gauche
à droite, en commençant toujours par le haut de la fenêtre;
ce qui est, croyons-nous, contraire à la pratique du moyen
âge, qui ordonnançait toujours les sujets de bas en haut,
comme on s'est vu d'ailleurs forcé de le faire ici-même pour
la verrière terminale.

## II. — BAS COTÉ NORD

« Les fenêtres du bas côté nord contiennent chacune huit
médaillons à sujets, qui donnent la suite de l'Histoire sainte,
depuis la Création, placée vers le portail, jusqu'à l'Assomption
de la Très Sainte Vierge.

### Première fenêtre.

« Dans la fenêtre éclairant la première travée, destinée aux
fonts baptismaux, on voit tous les sujets qui ont trait à la régé-
nération des hommes.

« Sur la 1re *ligne,* dans la pointe de l'ogive : 1º L'Arche de
Noé portée sur les eaux. Saint Pierre dit qu'elle est la figure
du baptême[1]. Ces eaux, qui servirent à punir le genre humain
coupable et à purifier la terre des crimes de ses habitants,
servirent aussi à élever et à porter l'arche, dans laquelle Noé et
sa famille trouvèrent leur salut.—2º Le passage de la mer Rouge.

---

[1] Qui increduli fuerant aliquando, quando expectabant Dei patientiam, in
diebus Noe, cum fabricaretur arca, in qua pauci, id est octo animæ, salvæ
factæ sunt per aquam. Quod et vos nunc similis formæ salvos facit baptisma.
(*Petr.* I, 3.)

ÉGLISE DE BONSECOURS. Autel de la Vierge.

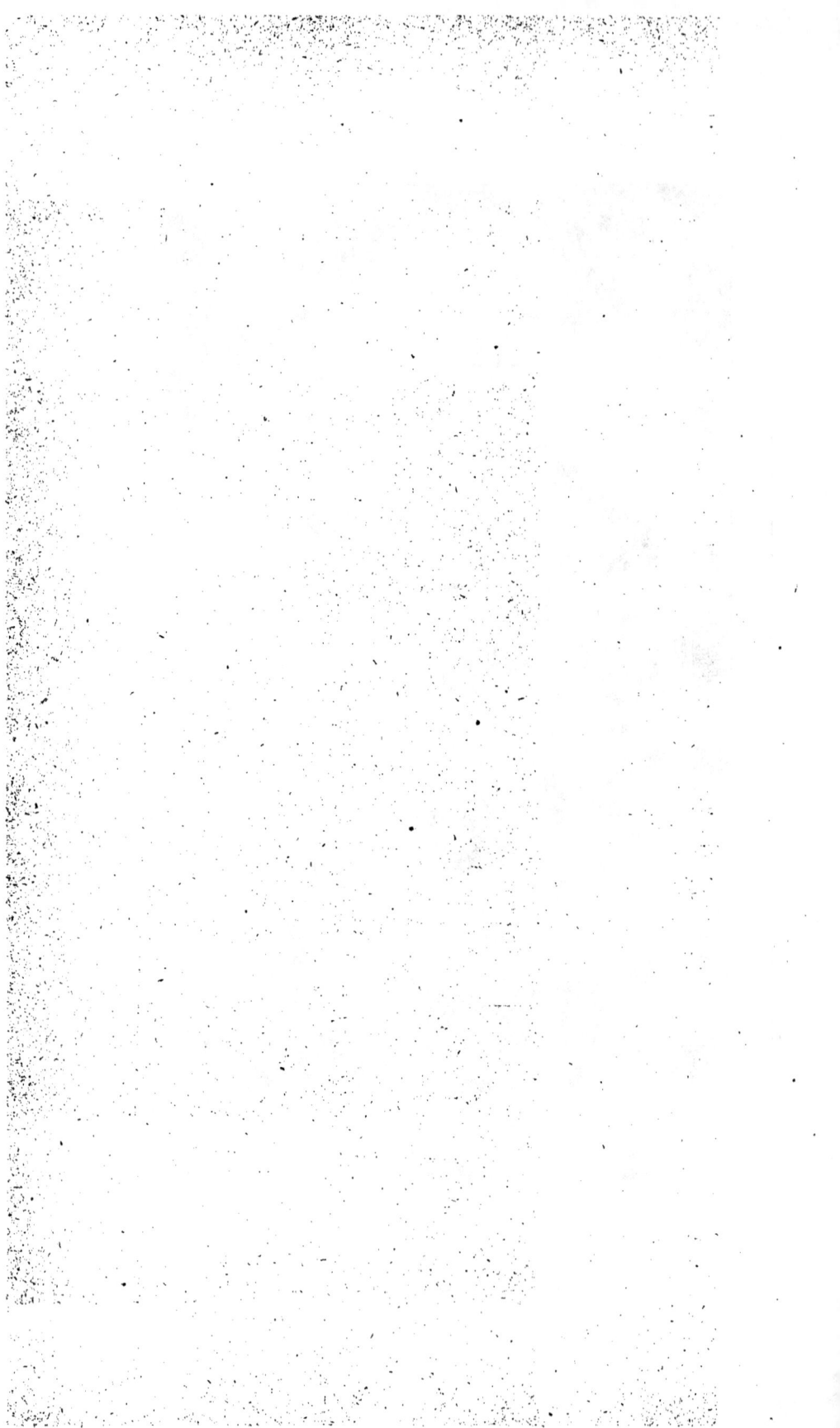

C'est, dit saint Paul, une autre figure du baptême[1]. Ce ne fut qu'après avoir traversé ces flots, miraculeusement ouverts, que les Israélites se virent affranchis de l'esclavage où ils gémissaient depuis si longtemps, et reconquirent leur liberté.

« 2º *ligne :* 1º Le *signum Thau,* ou l'ange vu par Ezéchiel, qui marque le front de tous ceux que doit épargner l'ange exterminateur[2]. Les saints Pères nous y montrent une prophétie du signe de la croix, marque de la foi chrétienne, qui seule peut nous préserver de la mort éternelle.— 2º Baptême de Jésus-Christ dans les eaux du Jourdain, donnant ainsi aux eaux la vertu de nous faire naître pour le ciel.

« 3º *ligne :* 1º Notre-Seigneur instruit Nicodème de l'absolue nécessité du baptême pour être sauvé[3].— 2º Mission des Apôtres, que Jésus-Christ envoie avec ordre d'enseigner et de baptiser[4].

« 4º *ligne :* 1º Le baptême de l'eunuque de la reine Candace par le diacre saint Philippe.— 2º Saint Pierre baptisant les Juifs convertis.

« 5º *ligne :* Le donateur : Frère Philippe, supérieur général de l'Institut des Frères des Écoles chrétiennes.

### Deuxième fenêtre.

« 1ʳᵉ *ligne :* 1º La création des astres. — 2º La création des anges, qui adorent Dieu aussitôt après en avoir reçu l'être.

« 2º *ligne :* 1º La création d'Adam, auquel Dieu donne un souffle de vie. — 2º La formation d'Ève, tirée d'une des côtes d'Adam.

[1] Nolo enim vos ignorare, fratres, quoniam patres nostri omnes sub nube fuerunt, et omnes mare transierunt, et omnes in Moyse baptizati sunt in nube et in mari. (*I Cor.* x.)

[2] Et dixit Dominus ad eum : Transi per mediam civitatem... et signa thau super frontes virorum gementium et dolentium super cunctis abominationibus... Et dixit illis...: Percutite, non parcat oculus vester... omnem autem super quem videritis thau, ne occidatis. (*Ezech.* ix, 4, 5, 6.)

[3] Nisi quis renatus fuerit ex aqua et Spiritu sancto, non potest introire in regnum Dei. (*Joan.* iii, 5.)

[4] Euntes docete omnes gentes, baptizantes eos in nomine Patris, et Filii, et Spiritus sancti. (*Matth.* xxviii, 19.)

« 3e *ligne :* 1º Dieu intime son commandement au premier homme, en lui montrant l'arbre dont le fruit lui est défendu. — 2º La tentation : le serpent séduit Ève.

« 4º *ligne :* 1º Le Seigneur reproche à nos premiers parents leur désobéissance. — 2º Adam et Ève chassés du paradis terrestre.

« 5e *ligne :* 1º Donateurs : M. et Mme Ribard, en reconnaissance de la guérison de leur fille, Mme d'Heudières. — 2º Une station du chemin de la croix [1], représentant la deuxième chute de Notre-Seigneur.

### Troisième fenêtre.

« 1re *ligne :* 1º Pénitence d'Adam et d'Ève. Adam, après être sorti du paradis terrestre, se livre au travail. Ève, qui a enfanté dans la douleur, s'occupe de ses enfants. — 2º Sacrifice de Caïn et d'Abel ; le premier paraît envieux à la vue de l'holocauste de son frère favorablement reçu par le Seigneur.

« 2º *ligne :* 1º Caïn, poussé par la jalousie, s'arme d'un instrument de labourage et abat à ses pieds l'innocent Abel. — 2º Noé s'occupe à construire l'arche, par l'ordre de Dieu.

« 3º *ligne :* 1º Le déluge universel : l'arche seule vogue au-dessus des eaux. — 2º Noé, sorti de l'arche, offre, en reconnaissance, un sacrifice au Seigneur, dont l'arc paraît dans les nues en signe de sa promesse de ne plus faire périr le genre humain dans un nouveau déluge.

« 4º *ligne :* 1º Sommeil de Noé : impudeur de Cham, qui, au réveil du patriarche, est maudit dans son fils Chanaan. — 2º Les descendants de Noé, avant de se disperser, bâtissent la tour de Babel, dans l'espoir d'immortaliser leur nom.

« 5º *ligne :* 1º Donateurs : M. Charles-Henri-Emmanuel, vicomte Dambray, ancien chevalier des ordres du roi, et Mme Louise-Charlotte Deshayes, vicomtesse Dambray. — 2º Sixième station : une femme pieuse essuie le visage de Jésus-Christ.

---

[1] « Les diverses stations du chemin que le divin Sauveur parcourut du Prétoire au Calvaire sont distribuées entre les diverses fenêtres. »

## Quatrième fenêtre.

« 1ʳᵉ *ligne :* 1º Vocation d'Abraham. Dieu lui montre les étoiles du ciel, dont le nombre doit être égalé par sa postérité. — 2º Abraham, au retour de sa victoire, est béni par Melchisédec, prêtre du Très-Haut.

« 2ᵉ *ligne :* 1º Lot fuit Sodome, que le feu du ciel consume. — 2º Agar et Ismaël dans le désert.

« 3ᵉ *ligne :* 1º Abraham, pour obéir à Dieu, se dispose à immoler son fils Isaac. — 2º Eliézer offre des présents à Rébecca, après avoir reçu son consentement d'épouser Isaac.

« 4ᵉ *ligne :* 1º Esaü vend son droit d'aînesse à son frère Jacob. — 2º Jacob reçoit de son père la bénédiction que ce vieillard croyait donner à Esaü.

« 5ᵉ *ligne :* 1º Le donateur : Mᵐᵉ veuve Jean-Baptiste Hébert, de Rouen. — 2º Cinquième station : Simon de Cyrène aide Jésus-Christ à porter sa croix.

## Cinquième fenêtre.

« 1ʳᵉ *ligne :* 1º Jacob, obligé de s'expatrier pour éviter le ressentiment de son frère, garde les brebis de son oncle Laban. — 2º Jacob, revenant dans la terre de Chanaan, rencontre son frère Esaü et se réconcilie avec lui.

« 2ᵉ *ligne :* 1º Joseph voit en songe les gerbes de ses frères se courber devant la sienne, puis le soleil, la lune et onze étoiles l'adorer lui-même. — 2º Joseph, haï par ses frères, est descendu par eux dans une citerne pour y périr.

« 3ᵉ *ligne :* 1º Les enfants de Jacob présentent à leur père la robe de Joseph, teinte de sang, pour lui persuader qu'une bête féroce l'a dévoré. — 2º Juda, voulant sauver les jours de Joseph, engage ses frères à le retirer de la citerne et à le vendre à des Ismaélites, qui allaient en Égypte.

« 4ᵉ *ligne :* 1º Joseph, sollicité au crime par l'épouse de Putiphar, fuit cette femme impudique, qui retient son manteau. — 2º Joseph, calomnié auprès de Putiphar, est mis en prison.

« 5⁰ *ligne :* 1⁰ La donatrice : M^me Antoinette-Françoise-Sidonie de Choiseul-Gouffier, duchesse de Fitz-James. — 2⁰ Quatrième station : Jésus-Christ, conduit au supplice, rencontre la Très Sainte Vierge sur le chemin du Calvaire.

### Sixième fenêtre.

« 1^re *ligne :* 1⁰ Joseph, devenu ministre de Pharaon, est reconnu par ses frères, auxquels il accorde un généreux pardon.—2⁰ Jacob bénit les enfants de Joseph, Éphraïm et Manassé, en donnant la préférence au plus jeune.

« 2⁰ *ligne :* 1⁰ Moïse et Aaron, venus de la part de Dieu demander à Pharaon la liberté des Israélites, font devant ce prince un premier miracle, en changeant leur baguette en serpent. — 2⁰ Les Israélites, près de sortir d'Égypte, mangent l'agneau pascal.

« 3⁰ *ligne :* 1⁰ Les Israélites traversent la mer Rouge, divisée miraculeusement par Moïse pour leur livrer passage. — 2⁰ Tous les Égyptiens trouvent la mort dans les eaux de la mer, qui, au commandement de Moïse, se replient sur elles-mêmes.

« 4⁰ *ligne :* Les Israélites recueillent la manne, qui tombe du ciel pour les nourrir, pendant quarante ans, dans le désert. — 2⁰ Le peuple manquant d'eau, Moïse, par l'ordre de Dieu, frappe le rocher et en fait sortir des eaux en abondance.

« 5⁰ *ligne :* 1⁰ Donateurs : M. Armand, comte de Biencourt, et M^me A.-E.-M. Aurélie de Montmorency, comtesse de Biencourt. — 2⁰ Troisième station : Jésus-Christ tombe une première fois sous le poids de sa croix.

### Septième fenêtre.

« 1^re *ligne :* 1⁰ Moïse, sur la montagne, prie pour obtenir à son peuple la victoire sur les Amalécites; Aaron et Hur soutiennent ses bras fatigués. — 2⁰ Moïse, en descendant du Sinaï, est saisi d'indignation à la vue du veau d'or, et brise les tables de la loi.

« 2⁰ *ligne :* 1⁰ Aaron et ses enfants offrent l'encens devant l'arche d'alliance. — 2º Un homme, convaincu d'avoir ramassé du bois le jour du sabbat, est lapidé par l'ordre de Dieu.

« 3º *ligne :* 1º Les hommes envoyés par Moïse dans le pays de Chanaan en rapportent des fruits, en preuve de la fertilité de la Terre promise. — 2º Le serpent d'airain, élevé dans le désert pour la guérison de ceux qui tournaient leurs regards vers ce signe mystérieux, figuratif de la croix.

« 4º *ligne :* 1º Les Israélites voulant passer le Jourdain, l'Arche sainte est portée par les prêtres au milieu du fleuve, qui, miraculeusement arrêté dans son cours, leur livre passage, comme avait fait la mer Rouge. — 2º Josué, voulant achever la défaite de ses ennemis, arrête le soleil dans sa course.

« 5º *ligne :* 1º Donateurs : M. E.-M.-C. Amédée, comte de La Châtre, et Mᵐᵉ A.-J.-M. Sidonie de Montmorency, comtesse de La Châtre. — 2º Deuxième station : Jésus-Christ est chargé de sa croix.

### Huitième fenêtre.

« 1ʳᵉ *ligne :* 1º Naissance de la Très Sainte Vierge. — 2º Éducation de la Sainte Vierge par sainte Anne.

« 2º *ligne :* 1º Saint Joachim et sainte Anne présentent la Très Sainte Vierge au Temple, où elle se consacre à Dieu dès l'âge le plus tendre. — 2º Mariage de la Sainte Vierge avec saint Joseph.

« 3º *ligne :* 1º L'archange Gabriel vient annoncer à Marie que Dieu l'a choisie pour être la mère de son Fils. — 2º La Sainte Vierge visite sa cousine sainte Élisabeth.

« 4º *ligne :* 1º Naissance de Notre-Seigneur dans l'étable de Bethléhem : Marie et Joseph l'adorent. — 2º La Vierge, après le divin enfantement, va au temple pour se soumettre à la loi de la purification.

« 5º *ligne :* 1º Le donateur : Mᵐᵉ Félicité-Sophie Dedun-Dyrville, veuve du baron de Sepmanville, contre-amiral de France, à Évreux. — 2º Première station : Jésus-Christ est condamné à mort par Pilate.

### Neuvième fenêtre.

1<sup>re</sup> *ligne :* 1° Marie et Joseph, pour soustraire le divin Enfant à la persécution d'Hérode, l'emportent en Égypte. — 2° Intérieur de la Sainte Famille.

« 2<sup>e</sup> *ligne :* 1° Notre-Seigneur, à la prière de sa sainte Mère, opère son premier miracle en faveur des époux de Cana. — 2° La Très Sainte Vierge, debout au pied de la croix, reçoit les dernières paroles et le dernier soupir de son divin Fils.

« 3<sup>e</sup> *ligne :* 1° Le corps de Notre-Seigneur, détaché de la croix, est remis à sa sainte Mère. — 2° La Très Sainte Vierge, au milieu des Apôtres rassemblés dans le cénacle, reçoit les effusions du Saint-Esprit, au jour de la Pentecôte.

« 4<sup>e</sup> *ligne :* 1° Mort précieuse de la Sainte Vierge. — 2° Assomption glorieuse de Marie dans le ciel.

« 5<sup>e</sup> *ligne :* Le donateur : « Un anonyme, voulant consacrer le souvenir d'un vénérable prélat, M<sup>gr</sup> Louis-Hyacinthe de Quélen, archevêque de Paris, qui s'était acquis des droits à sa reconnaissance, a donné cette verrière, où le pieux archevêque est représenté aux pieds de la Vierge Immaculée, pour laquelle il avait donné, pendant sa vie, des témoignages si touchants de sa vive confiance et de sa tendre dévotion. »

### Rosace.

Le couronnement de la Très Sainte Vierge est représenté dans la rosace qui domine l'autel particulier de Notre-Dame de Bonsecours, dit aussi l'autel des Vœux.

Cette rosace a été donnée par M. Charles-Édouard Huet-Barochée et M<sup>me</sup> Anne-Cécile Godefroy, son épouse, sœur du fondateur de l'église.

### III. — BAS. COTÉ SUD

Les fenêtres du bas côté *sud* représentent, dans leurs médaillons, toute la vie de Notre-Seigneur depuis sa Naissance jusqu'à son Ascension.

ÉGLISE DE BONSECOURS. Autel de Saint Joseph.

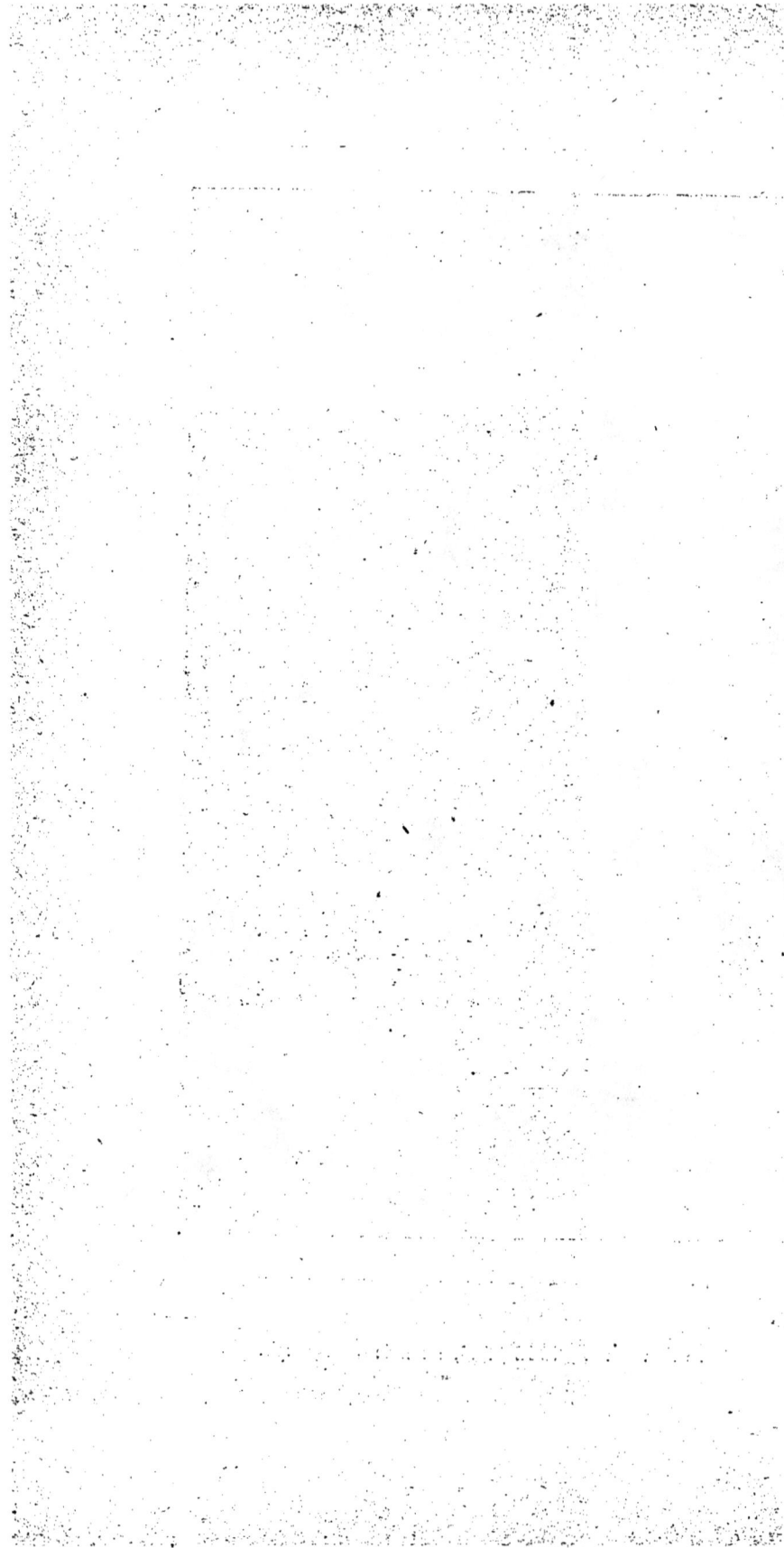

« Sa glorification dans le ciel, et le jugement des hommes, est le sujet de la rose placée au-dessus de l'autel dédié à saint Joseph, point de départ de cette suite. Cette rose a été donnée par M. l'abbé Cathelin, professeur au séminaire de Saint-Nicolas, chanoine de l'Église de Paris.

### Première fenêtre.

« 1re *ligne :* 1o Notre-Seigneur, à sa naissance, est adoré par les bergers qui gardaient leurs troupeaux aux environs de l'étable de Bethléhem, auxquels un ange avait appris cette heureuse nouvelle. — 2o Trois rois, venus de l'Orient, adorent aussi Notre-Seigneur, et lui offrent leurs présents mystérieux.

« 2e *ligne :* 1o Saint Joseph est averti en songe par un ange d'emmener le divin Enfant en Égypte, pour éviter la fureur d'Hérode. — 2o Massacre des saints Innocents.

« 3e *ligne :* 1o L'Enfant Jésus, au milieu des docteurs, leur explique la loi. — 2o Vie cachée de Jésus dans la maison de Nazareth.

« 4e *ligne :* 1o Saint Jean-Baptiste annonce la venue du Messie, et prêche la pénitence. — 2o Jésus-Christ, s'étant retiré dans le désert avant de commencer sa carrière apostolique, est tenté par le démon.

« 5e *ligne :* Donateurs : M. Henri Barbet, pair de France, maire de Rouen, et Mme Marguerite Angran, son épouse.

### Deuxième fenêtre.

« 1re *ligne :* 1o Notre-Seigneur appelle à lui Pierre et André, pour en faire ses apôtres.— 2o Notre-Seigneur chasse du Temple des vendeurs qui, par leur trafic, profanaient ce saint lieu.

« 2e *ligne :* 1o Saint Jean-Baptiste reprend Hérode et Hérodiade de leur commerce criminel. — 2o Saint Jean-Baptiste est conduit en prison.

« 3e *ligne :* 1o La fille d'Hérodiade danse devant Hérode, et obtient la mort du saint précurseur.— 2o Saint Jean-Baptiste est décapité pour plaire à la danseuse.

« 4e *ligne :* 1º Notre-Seigneur, fatigué, s'assied auprès du puits de Jacob et instruit avec bonté la Samaritaine. — 2º Il guérit un possédé.

« 5º *ligne :* 1º Quatorzième station : Le corps de Jésus est mis dans le tombeau. — 2º Le donateur : M. l'abbé Mac-Cartan, curé de Saint-Ouen de Rouen, chanoine de la métropole.

### Troisième fenêtre.

« 1re *ligne :* 1º Une grande tempête s'élève sur le lac de Géné-zareth ; les Apôtres, effrayés, recourent à Notre-Seigneur, qui apaise les vents et les flots. — 2º Vocation de saint Matthieu à l'apostolat.

« 2e *ligne :* 1º Notre-Seigneur, en approchant de la ville de Naïm, rencontre le convoi funèbre d'un jeune homme qu'on portait en terre. — 2º Notre-Seigneur, touché des larmes de la mère, commande aux porteurs de s'arrêter, et rend le jeune homme à la vie.

« 3e *ligne :* 1º Miracle de la multiplication de cinq pains d'orge et de quelques petits poissons pour la nourriture de cinq mille personnes. — 2º Une femme, tourmentée d'une perte de sang depuis douze ans, est guérie en touchant avec foi le bord de la robe du Sauveur.

« 4e *ligne :* 1º Saint Pierre marche sur les eaux pour aller au-devant du Fils de Dieu. — 2º Saint Pierre, ayant confessé la divinité de Jésus-Christ, est établi par lui chef de l'Église, et reçoit les clefs du ciel.

« 5e *ligne :* 1º Treizième station : Le corps de Jésus est descendu de la croix et remis à sa sainte Mère. — 2º Donateurs : M. Victor Grandin, député de l'arrondissement de Rouen ; Charlotte Fou-quier-Long, dame Grandin ; Victor, Gustave et Alfred Grandin.

### Quatrième fenêtre.

« 1re *ligne :* 1º Jésus-Christ ressuscite la fille de Jaïre. — 2º Transfiguration du Sauveur sur le Thabor.

« 2e *ligne :* 1º Le pharisien et le publicain dans le temple de

Jérusalem : la prière du premier, fruit de son orgueil, est rejetée ; celle du second, fondée sur l'humilité, est accueillie par le ciel. — 2º Notre-Seigneur fait un miracle pour payer le tribut en entrant dans Capharnaüm.

« 3ᵉ *ligne :* 1º Le bon pasteur court après la brebis égarée, la charge sur ses épaules, et la ramène au bercail. — 2º L'enfant prodigue quitte son père, après s'être fait donner la part de son héritage.

« 4º *ligne :* 1º L'enfant prodigue, ayant dissipé tout son bien en débauches, est réduit à garder les pourceaux. — 2º Le prodigue, touché de repentir, revient trouver son père, qui le reçoit avec bonté, et qui fait tuer le veau gras en réjouissance de son retour.

« 5ᵉ *ligne :* 1º Douzième station : Jésus meurt sur la croix. — 2º Le donateur : M. Dominique Mouchet, ancien maire de Darnétal.

### Cinquième fenêtre.

« 1ʳᵉ *ligne :* 1º Un homme, allant de Jérusalem à Jéricho, est rencontré par des voleurs qui le dépouillent et le laissent à demi-mort. — 2º Un prêtre et un lévite le voient dans ce triste état et passent outre sans le soulager.

« 2ᵉ *ligne :* 1º Le bon Samaritain verse l'huile et le vin sur les plaies du blessé et les bande avec soin. — 2º Il le place sur son cheval et le conduit à l'hôtellerie.

« 3ᵉ *ligne :* 1º Lazare, à la porte du riche, soupire en vain après les miettes qui tombent de sa table ; les chiens seuls lui montrent de la compassion en léchant ses ulcères. — 2º Le mauvais riche faisant bonne chère.

« 4º *ligne :* 1º Lazare, après les maux de cette vie, meurt et est porté par les anges dans le sein d'Abraham. — 2º Le mauvais riche, après ses fausses jouissances, meurt aussi et a l'enfer pour partage.

« 5ᵉ *ligne :* 1º Onzième station : Jésus est attaché à la croix. — 2º Le donateur : M. l'abbé Blanquart de Lamotte, vicaire général de Rouen, chanoine de la métropole.

**Sixième fenêtre.**

« 1ʳᵉ *ligne :* 1º Notre-Seigneur bénit les petits enfants. — 2º Marthe et Marie, sœurs de Lazare, se plaignent à Jésus-Christ de la mort de leur frère.

« 2º *ligne :* 1º Jésus-Christ ressuscite Lazare, qui était depuis trois jours dans le tombeau. — 2º Zachée monte sur un sycomore pour voir passer Jésus-Christ.

« 3ᵉ *ligne :* 1º La Madeleine répand un parfum précieux sur les pieds du Sauveur, et les essuie de ses cheveux. — 2º Entrée triomphante de Jésus-Christ dans Jérusalem.

« 4ᵉ *ligne :* 1º Les Vierges sages vont au-devant de l'époux avec leurs lampes allumées. — 2º Les Vierges folles, ayant laissé éteindre leurs lampes faute de vigilance, arrivent trop tard à la salle des noces, dont elles trouvent la porte fermée.

« 5ᵉ *ligne :* 1º Dixième station : Jésus est dépouillé de ses vêtements. — 2º Le donateur : Mᵐᵉ la marquise de Mortemart, née Montmorency.

**Septième fenêtre.**

« 1ʳᵉ *ligne :* 1º Jésus-Christ célèbre la dernière Cène avec ses Apôtres. — 2º Après le repas, il leur lave les pieds.

« 2º *ligne :* 1º Prière et agonie de Jésus-Christ au jardin des Oliviers. — 2º Judas guide les Juifs au jardin, et trahit le Fils de l'homme par un baiser.

« 3ᵉ *ligne :* 1º Jésus reçoit un soufflet en présence du grand prêtre. — 2º Saint Pierre, oubliant ses serments, renie son maître.

« 4º *ligne :* 1º Au chant du coq, saint Pierre reconnaît sa faute et la pleure amèrement. — 2º Judas reconnaît son crime, mais, désespérant de son salut, se donne la mort.

« 5ᵉ *ligne :* 1º Neuvième station : Troisième chute de Jésus-Christ. — 2º Le donateur : M. l'abbé Picard, chanoine de Rouen, archiprêtre de la métropole.

## Huitième fenêtre.

« 1re *ligne* : 1º Jésus devant Hérode. — 2º Jésus est attaché à une colonne du prétoire et flagellé par les soldats romains.

« 2e *ligne* : 1º Jésus est couronné d'épines. — 2º Pilate, croyant toucher les Juifs, leur présente Jésus dans le triste état où l'a réduit la flagellation.

« 3e *ligne*[1] : 1º Jésus sort glorieux du tombeau. — 2º Jonas, englouti par une baleine, sort miraculeusement de son sein le troisième jour.

« 4e *ligne* : 1º Pêche miraculeuse après la résurrection. — 2º Ascension de Jésus-Christ.

« 5e *ligne* : 1º Huitième station : Jésus rencontre les femmes de Jérusalem et leur prédit les maux de leur patrie. — 2º Le donateur : Cette verrière a été donnée par la fabrique de vitraux peints de Choisy-le-Roi.

## Neuvième fenêtre.

Dans cette fenêtre, éclairant la dernière travée destinée aux confessionnaux, on remarque divers symboles de la pénitence, empruntés à l'Écriture sainte.

« 1re *ligne* : 1º La piscine au bord de laquelle les malades attendaient que l'ange du Seigneur en eût troublé les eaux, pour s'y baigner et y trouver leur guérison. — 2º Madeleine, pleurant ses péchés, en obtient le pardon.

« 2e *ligne* : 1º Saint Pierre, déplorant aux pieds du Sauveur le malheur qu'il a eu de le renoncer, et versant des larmes qui ne tariront plus. — 2º Jésus-Christ promet à saint Pierre de lui donner les clefs du royaume des cieux, symbole de la puissance spirituelle qu'il devait exercer en son nom[2].

---

[1] « La mort de Notre-Seigneur n'est pas ici représentée, parce qu'elle se trouve déjà dans la série du chemin de la croix et dans celle de la vie de la Très Sainte Vierge. »

[2] Tibi dabo claves regni cœlorum, et quodcumque ligaveris super terram, erit ligatum et in cœlo, et quodcumque solveris super terram, erit solutum et in cœlo. (*Matth.* XVI, 19.)

5.

« 3° *ligne* : 1° Pouvoir donné aux Apôtres de remettre ou de retenir les péchés [1]. — 2° Résurrection de Lazare. Il sort du tombeau à la voix puissante du Sauveur, qui charge ses Apôtres de le débarrasser de son linceul ; figure de ce qui se passe au tribunal de la pénitence, où le prêtre, parlant au nom de Jésus-Christ, rend le pécheur à la vie et brise ses liens.

« 4° *ligne* : 1° Le bon Samaritain verse le baume sur les plaies de cet homme que les voleurs avaient dépouillé et assassiné tout à la fois ; les passions, contre lesquelles nous nous heurtons et avec lesquelles nous sommes souvent aux prises, causent la ruine de notre âme, enlèvent ses trésors, et la laissent dans un état de mort. La loi ancienne était impuissante à réparer ces maux : dans la loi nouvelle, toute d'amour, Jésus-Christ y a pourvu, en appliquant aux blessures de notre âme et la douceur de sa charité et l'efficacité de son sang précieux. — 2° Une femme, surprise en adultère, est amenée au Sauveur du monde par les Juifs, qui lui demandent s'il faut la lapider, comme l'ordonnait la loi : Jésus-Christ, voulant faire prévaloir la miséricorde, tout en l'accordant avec la justice, décide que celui d'entre eux qui est sans péché lui jettera la première pierre ; tous se retirent, la rougeur sur le front, sans qu'aucun d'eux ait osé la condamner. Le Sauveur adresse alors à la coupable, déjà repentante, ces consolantes paroles : « Je ne vous condamnerai pas non plus. Allez, et gardez-vous de pécher désormais. »

« 5° *ligne* : Le donateur : M. Ricard, juge au tribunal civil de Beauvais. »

## IV. — FENÊTRES DE LA HAUTE-NEF

### Côté sud.

Dans les fenêtres de la haute-nef, côté sud, sont rangées les figures accouplées des *Prophètes*.

1° En partant du clocher : *Élie* et *Malachie,* donnés par M. Ch. L..., curé des environs de Paris.

---

[1] Accipite Spiritum sanctum ; quorum remiseritis peccata, remittuntur eis, et quorum retinueritis, retenta sunt. (*Joan.* xx, 22.)

2º *Zacharie* et *Aggée,* donnés par M. Mounet, notaire à Rouen.

3° *Sophonie* et *Habacuc,* donnés par M. l'abbé Vincent, ancien curé de Fécamp, chanoine de la métropole de Rouen.

4° *Nahum* et *Michée,* donnés par M. Charles Busquet de Caumont.

5° *Jonas* et *Abdias,* donnés par M. l'abbé Vallée, ancien curé du Thil, chanoine honoraire de Rouen.

6° *Amos* et *Joël,* donnés par les élèves du lycée royal de Rouen.

7° *Ozée* et *Baruch,* donnés par Mᵐᵉ veuve François Bénard, de Darnétal.

8° *Daniel* et *Ézéchiel,* donnés par Mᵐᵉ veuve Lainé, d'Étoutteville.

9° *Jérémie* et *Isaïe,* donnés par M. l'abbé Tissot, aumônier de l'Hôtel-Dieu, de Paris.

La dixième travée est occupée par l'orgue.


### Côté nord.

Pour faire pendant aux prophètes, les verrières qui leur font face sont consacrées aux *Apôtres* et aux *Évangélistes*.

1° En partant du clocher : *saint Anaclet* et *saint Lin,* premiers successeurs des Apôtres, donnés par M. l'abbé Joliclerc, chef d'institution à Montrouge, près Paris.

2° *Saint Barnabé* et *saint Luc,* donnés par la Révérende Mère Javouhey, supérieure générale de la congrégation de Saint-Joseph de Cluny, et directrice de l'Émancipation de Mana en faveur des nègres.

3° *Saint Marc* et *saint Mathieu,* donnés par M. le baron de Septmanville, à Évreux.

4° *Saint Simon* et *saint Thaddée,* donnés par M. l'abbé Mayeux, curé de Grenelle, près Paris.

5° *Saint Mathias* et *saint Barthélemy,* donnés par M<sup>lle</sup> de Giverville, à Fécamp.

6° *Saint Philippe* et *saint Jacques,* fils d'Alphée, donnés par M<sup>lle</sup> Widbien, de Rouen.

7° *Saint Thomas* et *saint Jean,* donnés par M. Paul Ansoult, de Darnétal.

8° *Saint Jacques,* fils de Zébédée, et *saint André,* donnés par les élèves du collège de Juilly.

9° *Saint Paul* et *saint Pierre,* donnés par M. Guillaume Chevalier, de Rouen.

Comme on l'a vu plus haut, les stations du *Chemin de la Croix* sont peintes sur les verrières; sur le rampant de chaque fenêtre sont disposées les croix de bois, auxquelles seules peuvent être accordées les indulgences.

# CHAPITRE V

IEN dans la construction de l'église de Bon-secours n'indique à l'extérieur l'endroit où la nef se sépare du chœur; mais l'élévation du sol de celui-ci et ses clôtures latérales le distinguent suffisamment.

Ce chœur comprend trois travées, outre l'abside pentago-nale, qui constitue le sanctuaire. Il est élevé de trois marches au-dessus du sol de la nef : ce nombre *trois* est conforme aux données traditionnelles, dont on tient malheureusement presque partout si peu de compte, depuis le XVII<sup>e</sup> siècle.

D'après le plan conçu, et plusieurs fois rappelé, par M. l'abbé Godefroy, ce chœur devait être fermé par une grille et par deux petits ambons destinés à chanter l'épître et l'évangile : le palier de ces ambons est dès maintenant disposé.

Vingt-deux stalles supérieures, deux de départ et cinq pour chaque travée, closent presque complètement les

deux côtés du chœur. Les dossiers en sont sculptés avec
une grande élégance; au-dessus de chacun d'eux s'élève
un fenestrage, de la même famille que celui des verrières,
qui élève, à 2 mètres 50 au-dessus du parquet des stalles,
un petit dais en forme de toiture en bâtière, ajouré sur
sa face, écaillé sur ses rampants, crêté de fleurons dorés
comme les autres amortissements et une partie des colonnettes. Des pilastres de même style revêtent la colonne qui
sépare les deux travées.

Les deux stalles de départ situées vers l'entrée du chœur
ont beaucoup plus d'importance que les autres : le dais en
est octogone et porte une pyramide ajourée à triple étage,
qui s'élève à plus de six mètres.

Vingt stalles basses, dont deux sont masquées par la console de l'orgue d'accompagnement, et dix-huit sièges pour
les enfants de chœur complètent cet ensemble artistique,
qui fut exécuté, en 1858, par la maison Kreyenbielh, de
Paris. Ces stalles coûtèrent plus de vingt mille francs.

C'est un digne encadrement du beau pavage artistique,
dont M. Godefroy lui-même dirigea la confection en l'année
1860 ou 1861.

Ce pavage, qui offre l'aspect d'une mosaïque très riche,
est un travail d'incrustation d'une nature particulière. Les
vastes dalles de marbre dont le sol est d'abord revêtu sont
burinées par un sculpteur habile, qui trace les détails de la
composition ; dans ses gravures sont ensuite introduites des
pâtes de différents tons, qui se durcissent rapidement jusqu'à la consistance du marbre, auquel elles adhèrent fortement, de manière à former comme une substance unique.
Un ponçage sur le tout communique aux applications le
brillant poli du fond.

Ce riche tapis, dont rien ne peut ternir l'éclat, fut fait sur

ÉGLISE DE BONSECOURS. Les fonts Baptismaux.

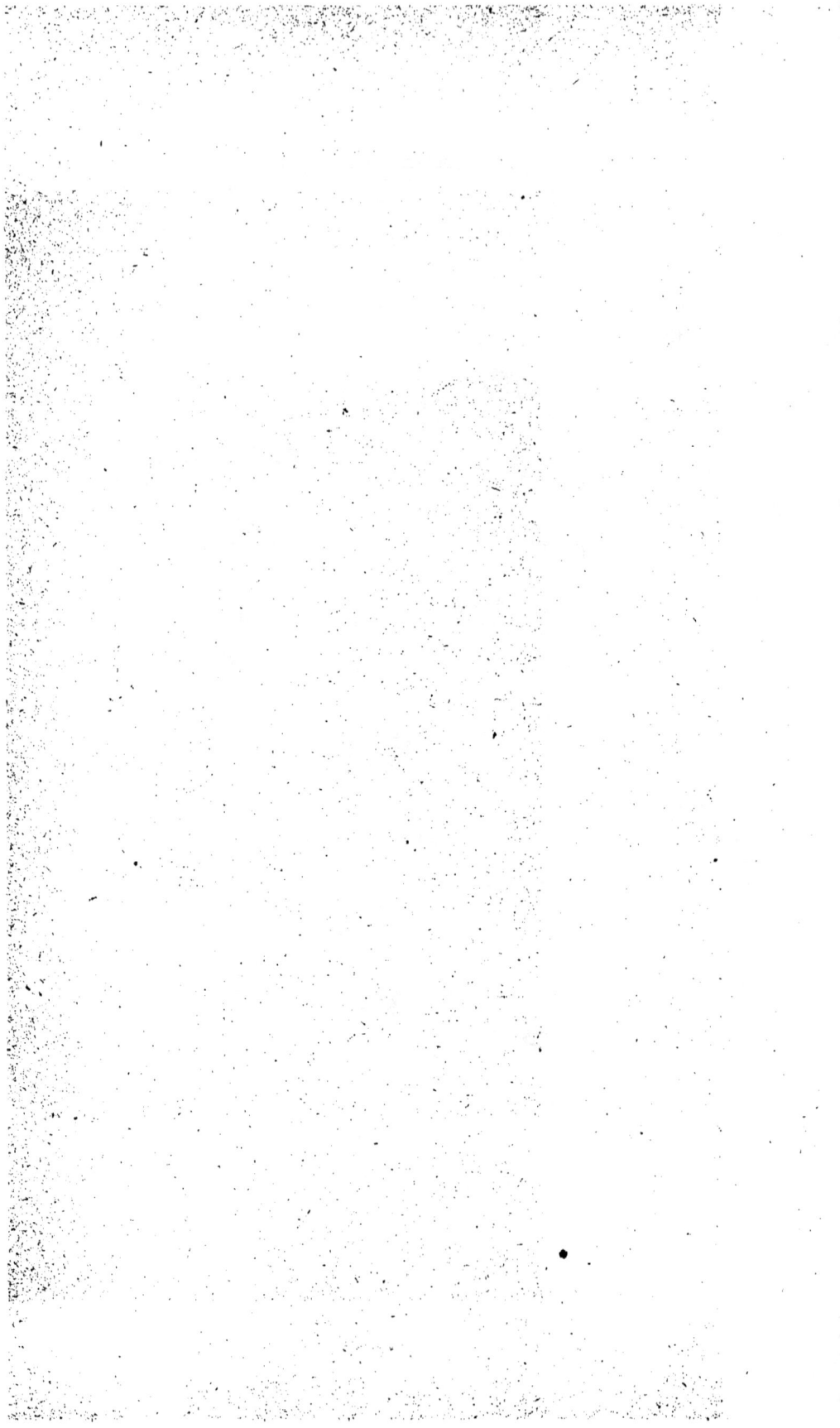

les dessins du Père Arthur Martin. Il se divise en trois compartiments.

Le premier, vers le bas du chœur, a la forme d'un rectangle un peu plus large que long. Au centre : un médaillon, sur fond d'azur, entouré d'un quatre-feuilles écarlate, rappelle la *Chute de l'homme*. Adam et Ève sont aux côtés de l'arbre de la science du bien et du mal, que le serpent enlace de ses replis : *Ève a pris du fruit, elle en a mangé, et elle en a présenté à son mari, qui en mange également :* TVLIT DE FRVCTV ET COMEDIT DEDITQVE VIRO SVO QVI COMEDIT.

A droite et à gauche : des cartouches affectant la forme d'étoiles, montrent des personnages vidant des urnes au pied d'un arbre : c'est le symbole des quatre fleuves qui arrosaient le Paradis terrestre.

Le second compartiment, qui occupe le milieu du chœur, forme un carré régulier; il est un peu plus grand que les deux autres. Au centre : dans un quatre-feuilles plus large que le précédent, dont il reproduit l'aspect, s'inscrit une sorte d'étoile formée de bandes tricolores; elle encadre un médaillon à fond d'azur, de forme ronde, autour duquel on lit ces mots sur une bande circulaire : TV INSIDIABERIS CALCANEO EIVS IPSA AVTEM CONTERET CAPVT TVVM : *Tu chercheras à mordre son talon; mais elle t'écrasera la tête.* Et, en effet, un monstre fantastique, debout au pied d'un arbre chargé de feuilles et de fleurs, symbole de la pureté et de la fécondité de la Vierge dont devait naître le Sauveur promis au monde, tourne vers elle une gueule menaçante et formidablement armée. Aux angles, dans des cartouches en forme d'étoiles à six pointes, les noms des quatre grands prophètes :

| | |
|---|---|
| ISAIAS | MICHÆAS |
| IEREMIAS | EZECHIEL |

Le troisième compartiment, au pied des marches du sanctuaire, est de même dimension que le premier, dont il rappelle les dispositions principales. Il a pour sujet central un beau lis entre des épines, que deux colombes, images des âmes pures, semblent saluer joyeusement : SICVT LILIVM INTER SPINAS SIC AMICA MEA INTER FILIAS : *Comme le lis entre les épines, telle paraît mon amie entre toutes les filles.*

Cette fleur de pureté, cette amie des cœurs chastes, c'est Marie, dont les vertus sont encore signifiées par les médaillons latéraux :

D'un côté un arbre à baume, SICVT BALSAMVM ET CINNAMOMVM ODOREM DEDIT : *Comme le baume et le cinnamome elle répand une suave odeur;* de l'autre côté un rosier, SICVT PLANTATIO ROSÆ IN IERICHO : *Elle est comme une plantation de roses de Jéricho.*

Tout autour de ces médaillons s'enroulent des arabesques: c'est comme une végétation aussi riche que capricieuse, où l'art et l'imagination rivalisent avec la nature.

Cette ornementation splendide envahit tout le sanctuaire.

Là, dans des losanges encadrés d'étoiles tricolores, les trois *Vertus théologales* se sont donné rendez-vous. A gauche, c'est la *Foi,* qui, se souvenant des promesses faites au baptême, pose la main sur les fonts sacrés, tandis que l'Esprit-Saint, sous la forme gracieuse d'une colombe nimbée, semble descendre sur elle [1]. A droite, c'est l'*Espérance,* qui s'appuie, forte et vaillante, sur son ancre symbolique[2]. Au milieu, c'est la *Charité,* qu'assiègent en vain les vices qui, des quatre points cardinaux, accourent pour l'asssaillir : *mais la charité est plus forte;* MAJOR AVTEM HORVM EST CHARITAS.

---

[1] Légende : IVSTVS AVTEM MEVS EX FIDE VIVIT.
[2] Légende : SPE ENIM SALVI FACTI SVMVS.

Sur le palier que foule le célébrant durant le divin
sacrifice, un gracieux médaillon central, tout entouré
de rinceaux et d'arabesques, enroulés avec autant de
charme que de sobriété, montre deux colombes buvant
dans une seule vasque, que des eaux toujours jaillissantes
ne cessent d'alimenter : *Leurs cœurs seront, ô mon Dieu,
enivrés de l'abondance des dons qu'on trouve en votre
maison sainte :* INEBRIABVNTVR AB VBERTATE DOMVS
TVÆ.

Hâtons-nous donc de franchir le parvis, et gravissons
d'un pas joyeux les marches du sanctuaire. Celles-ci sont
au nombre de trois et semblables à celles du chœur,
c'est-à-dire en marbre blanc et revêtues de touchantes
inscriptions.

## I. — LE SANCTUAIRE

Nous voici dans l'enceinte sacrée, dans le lieu saint et
béni où chaque jour se renouvelle le sacrifice salutaire de
l'Agneau immolé pour le salut du monde. Cette pensée du
sacrifice expiatoire et propitiatoire doit ici dominer partout;
et c'est d'après elle, en effet, qu'est entièrement conçue la
décoration splendide que nous allons essayer de décrire, tout
en exprimant le regret de ne pouvoir lui accorder un plus
ample développement.

Cette ornementation n'est pas moins bien comprise au
point de vue architectural qu'au point de vue décoratif.
Chacun des pans de l'abside offre d'abord une grande baie
ogivale, surmontée d'un fronton orné d'une rosace, qui
s'amortit par un riche fleuron à la hauteur de la verrière;
de chaque côté une niche, également surmontée d'un gable
qui monte jusqu'à la corniche.

Les deux baies des travées les plus rapprochées du chœur

affectent la forme de portes surmontées d'arcatures ogivales, de même dessin que les parties supérieures du fenestrage de l'église.

Le service du sanctuaire se fait tout entier par la porte située du côté de l'évangile; celle du côté de l'épître est remplacée par un panneau, qui sans doute fera place un jour à quelque bas-relief ou à quelque inscription d'un caractère plus relevé et plus significatif qu'un simple assemblage de moulures.

Les deux baies voisines de l'autel contiennent deux grands sujets traités en haut-relief. Vers l'épître : *la Mer d'airain*, symbole de purification. Deux prêtres de l'ancienne loi se préparent au sacrifice, en s'y lavant, l'un les mains, l'autre les pieds; ils se conforment ainsi au précepte qu'un ange au modeste visage, debout en arrière de la cuve, leur rappelle en développant une banderole sur laquelle on lit: MVNDAMINI, QUI FERTIS VASA DOMINI : *Ayez soin de vous purifier, vous qui portez les vases du Seigneur.*

Au-dessous, on trouve ces textes, divisés par une crédence qui sert en même temps de piscine : FACIES LABRUM ÆNEVM AD LAVANDVM : — LAVARVNT IN EA AARON ET FILII EIVS MANVS SVAS ET PEDES : *Tu feras un bassin d'airain : — Aaron et ses enfants s'y laveront les mains et les pieds.*

En face de la Mer d'airain c'est le *Christ mourant au Calvaire.* Il expire, nu, sur le bois d'agonie, les pieds et les mains cloués, la tête levée vers le ciel dans un mouvement plein d'amour, tandis que ses lèvres ouvertes semblent répéter cette prière : *Mon Père, pardonnez-leur :* PATER, IGNOSCE ILLIS. A droite de son divin Fils, la Très Sainte Vierge est debout, abîmée dans sa douleur, mais résignée pourtant et offrant avec héroïsme, pour le salut des hommes pécheurs, cet Homme-Dieu formé de sa chair et de son sang. En face, Jean, le bien-aimé disciple, le seul qui suivit au Calvaire Celui auquel ils avaient juré tous d'être fidèles jusqu'à la mort. Les mains jointes, la tête inclinée, il semble qu'il vienne de recueillir le legs suprême que lui confie l'amitié du divin Maître. C'est, du reste, la pensée qu'exprime le double texte placé au-dessous de ce groupe, des deux côtés de la piscine : DICIT MATRI SVÆ : MVLIER, ECCE FILIVS TVVS. — DICIT DISCIPVLO : ECCE MATER TVA : *Il dit à sa Mère : Femme, voici votre fils. — Il dit au disciple : Voici votre mère.*

On a parfois blâmé l'attitude de ce Christ en croix, dont les bras, resserrés par l'arcature ogivale, rappellent le type janséniste ; on s'est choqué surtout de voir placer le divin Crucifié, non sur l'autel, mais à côté.

Nous sommes forcé de reconnaître qu'il y a là quelque chose d'insolite, qui blesse au premier abord, et que la réflexion peut excuser peut-être, mais non faire accepter. *Le Christ expirant sur la Croix* est d'ailleurs un sujet trop haut pour servir de pendant à cette purification toute préparatoire que rappelle la *Mer d'airain,* et qui n'est assurément pas une figure de la Rédemption, mais seulement de la Pénitence. Il eût fallu, ou bien choisir dans l'ancienne loi un symbole plus direct, comme l'*Immolation de l'Agneau pascal,* ou emprunter à la loi nouvelle une scène rappelant la préparation exigée pour le sacrifice : par exemple, *le divin Maître lavant les pieds de ses Apôtres,* et leur disant : QVEMADMODVM EGO FECI VOBIS, ITA ET VOS FACIATIS : *Agissez entre vous comme j'ai agi moi-même.* Mais, encore une fois, la place du Christ en croix est au centre du sanctuaire ; et, s'il y a pharisaïsme à se montrer *scandalisé* de le voir sur le côté, on peut avec quelque raison en éprouver du regret.

L'opposition marquée par les deux grands sujets que nous venons de résumer règne dans tout le sanctuaire : A droite

du spectateur qui regarde l'autel, c'est partout l'ancienne loi;
à gauche, partout la loi nouvelle [1].

C'est ce qui a réglé le choix et la position des belles statues décorées qui ornent les niches absidales. Partout règne
et domine l'idée du sacrifice, et les inscriptions placées
au-dessous de chaque personnage la font mieux ressortir
encore.

1° Le premier personnage, du côté de l'épître, c'est *Abel,*
le doux patriarche, le premier sacrificateur. Sa physionomie
candide reflète l'innocence de son âme, tandis que ses yeux
élevés « semblent porter au ciel les adorations de son
cœur ». Il tient entre ses mains l'*Agneau,* matière de son
sacrifice et prophétique symbole de la victime immaculée
qui devait mourir sur la croix.

Texte : ABEL OBTVLIT DE PRIMOGENITIS GREGIS SVI : *Abel
offrit des premiers-nés de son troupeau.*

2° A côté d'Abel, c'est *Noé,* qui, sitôt après le déluge,
offrit le premier au Seigneur le sacrifice de réconciliation,
et mérita de Lui la promesse de cette alliance que le sang
répandu du Christ devait cimenter au Calvaire. Il porte dans
sa main l'Arche miséricordieuse, où l'Église voit une figure
de Marie, la véritable Arche d'alliance, le Refuge des pécheurs;
au-dessus plane la colombe tenant au bec un rameau d'oli-
vier : la pureté donnant la paix au monde.

Texte : NOE OBTVLIT HOLOCAVSTA SVPER ALTARE : *Noé offrit
des holocaustes sur l'autel.*

3° Voici *Abraham.* Il tient à la main le couteau, dont il

---

[1] Notons ici, pour ceux qui ne sont pas au courant des usages liturgiques, que,
dans le sanctuaire et le chœur, les places d'honneur sont à la droite du Christ,
qui fait face au spectateur; par conséquent, à la gauche de ce dernier. Dans la nef,
au contraire, où les fidèles se placent face à face à l'autel, la place d'honneur
est à leur droite, c'est-à-dire du côté de l'épître.

s'apprête à frapper ce fils unique, si longtemps attendu, si avidement souhaité, aimé de si grande tendresse. N'avait-il pas le droit d'exiger une si grande épreuve, Celui auquel était due la naissance d'Isaac? Celui qui, bien plus qu'Abraham, avait été le père d'Isaac, et qui devait un jour, Lui aussi, offrir sur le bois son fils unique et bien-aimé, mais en laissant cette fois le sacrifice s'accomplir jusqu'au bout?

Texte : ABRAHAM ARRIPVIT GLADIVM VT IMMOLARET FILIVM SVVM : *Abraham prit le glaive pour immoler son fils.*

4º A la suite du panneau devant lequel s'assied le célébrant : *Melchisédech,* le Prêtre-Roi, qui, figurant bien des siècles d'avance le sacerdoce royal de Jésus-Christ, offrait en sacrifice à Dieu, non pas des victimes sanglantes, mais le pain et le vin, précurseurs de l'Eucharistie; l'artiste lui a donné un aspect mystérieux, qui est bien dans le caractère de cet homme venu au monde sans qu'on connût ni son père ni sa mère.

Texte : MELCHISEDECH PROFERENS PANEM ET VINVM : *Melchisédech présentant le pain et le vin.*

5º A gauche de la Mer d'airain : *Aaron,* le premier grand prêtre, revêtu des riches ornements dont Dieu lui-même avait prescrit la forme et les détails remplis d'un sens caché. Il tient dans ses mains l'*Encensoir,* d'où s'élèveront les fumées odorantes de la prière unie à la vertu; sur sa poitrine, le *Rational,* orné de douze pierres précieuses où sont inscrits les noms des tribus d'Israël, lui remet sans cesse en mémoire qu'il ne doit pas offrir le sacrifice uniquement en son nom personnel, mais pour tout le peuple de Dieu.

Texte : APPLICA AARON VT SACERDOTIO FVNGATVR MIHI : *Confiez à Aaron les fonctions de mon sacerdoce.*

6º A l'angle de l'autel, un peu masqué par lui : *Moïse,* le législateur du peuple, chargé des promesses de salut et de rédemption. La loi qu'il a établie s'efface, sans disparaître, devant la loi nouvelle apportée par le Christ; sa face est couverte d'un voile, car le reflet qu'a laissé sur son front le rayonnement de la gloire de Dieu, qu'il a contemplé face à face, éblouit tous les yeux mortels; il montre cependant du doigt ces préceptes fondamentaux que le Sauveur viendra développer et confirmer : *Vous aimerez le Seigneur votre Dieu, et votre prochain comme vous-mêmes.*

Texte : Hæc svnt qvæ jvssit dominvs fieri : *Voici ce que le Seigneur a ordonné de faire.*

(Entièrement cachée par l'autel, la dernière travée n'a reçu aucune décoration.)

7⁰ Du côté de l'Évangile, le pauvre de Jésus-Christ, l'intime ami du Crucifié, associé à ses plaies divines, *S. François d'Assise,* se cache dans sa chère humilité; il presse la croix sur son cœur, et son regard se perd dans une ardente extase.

Texte : Christo confixvs svm crvci : *Avec le Christ je suis cloué en croix.*

8⁰ *Marie-Madeleine,* la chère pénitente, est toute à la douleur de la mort de son Bien-Aimé; à ses pieds le vase de parfums, qu'elle destine à sa sépulture, est encore couvert et intact. Consolez-vous, vous qui pleurez sur les âmes livrées au péché, fût-ce la vôtre. Oubliez le passé, aimez d'ardent amour Celui qui vous a tant aimés, qui a sacrifié pour vous humanité après divinité; si vous savez aimer beaucoup, il vous sera beaucoup pardonné et donné.

Texte : Lacrymis cœpit rigare pedes eivs, et capillis tergebat.

Les quatre grands Docteurs de l'Église latine entourent la porte du sanctuaire. Ils sont là, comme les témoins de la constante tradition de l'Église touchant la sainte Eucharistie et la sainte Communion; c'est dans leurs œuvres qu'on a pris les paroles qui les accompagnent.

7º *Saint Grégoire le Grand,* pape, couronné de la tiare.

Texte : MAGNVM ET PAVENDVM EST HOC MYSTERIVM : *Grand et redoutable est ce mystère.*

8º *Saint Jérôme,* qui fut, dit-on, l'un des premiers cardinaux de la sainte Église Romaine. Tout en avouant que cette pieuse légende aurait besoin d'être mieux appuyée, on a donné le chapeau rouge à cet illustre personnage.

Texte : IN CHRISTI COMMEMORATIONE MIRABILITER FIT : *Cela s'opère merveilleusement en commémoration du Christ.*

9º *Saint Augustin,* cette lumière de l'Église d'Afrique, converti par le suivant :

Texte : QUANDO MANDVCATVR, VITA MANDUCATVR : *Quand on le mange, on mange la vie.*

10º Enfin *saint Ambroise,* le grand évêque de Milan.

Texte : QUI MANDVCAT HOC CORPVS FIET EI REMISSIO PECCATORVM : *Qui mange ce corps obtient la rémission de ses péchés.*


Sur les chapiteaux à feuilles d'or qui couronnent les colonnes triplées sur lesquelles s'appuient les arceaux des grandes arcades médianes, en avant des clochetons qui leur servent d'accompagnement, apparaissent de petits anges, engagés jusqu'aux genoux ; quatre d'entre eux portent des phylactères chargés de courtes sentences se rapportant toutes au respect qu'on doit à la demeure de Dieu : VENITE AD SANCTUARIUM MEUM : *Venez à mon sanctuaire.* — PROVIDEAMUS ANTE DEUM : *Pourvoyons-nous devant Dieu.* — DOMUS DEI ET PORTA CŒLI : *C'est la maison de Dieu et la porte du Ciel.* — VENITE, ADOREMUS : *Venez, adorons.*

Toutes ces statues, ou statuettes, sont dues au ciseau d'un

artiste éminemment disposé par ses goûts et par ses études à comprendre les exigences du style gothique et à y satisfaire. M. Fulconis consacra plus de quatre ans à la décoration du sanctuaire de Bonsecours, dont nous venons d'exposer l'ingénieuse ordonnance.

### III. — L'AUTEL

Abordons maintenant l'autel, vrai chef-d'œuvre d'orfévrerie, bien supérieur presque en tous points à la plupart des œuvres tapageuses de ces grandes maisons industrielles, soi-disant artistiques, qui ont peuplé nos églises et nos trésors de tant de fontes dorées, où l'*art* gémit de voir son nom substitué à celui de *commerce*.

C'est à Bonsecours même, dans une annexe de la maison de Retraite du clergé rouennais, que toutes les pièces de cet autel ont été fabriquées, ciselées et dorées; les modèles en plâtre en furent faits par M. Fulconis, sur les dessins de M. E. Barthélemy, et suivant les indications du savant P. Arthur Martin. Nous n'insisterons ici ni sur les détails de la fabrication, ni sur le fini du travail; qu'on y regarde de près, de très près, et qu'on en juge.

Contentons-nous d'exposer rapidement le plan de l'œuvre, et d'en développer la pensée.

Le bronze doré pour les masses, l'émail pour adoucir les fonds et relever certains détails, les pierreries pour enrichir les parties les plus délicates, tels sont les matériaux employés dans l'autel-majeur de Notre-Dame de Bonsecours.

Le tombeau est en forme de carré long, supporté à ses angles par de riches colonnes de bronze et décoré d'arcatures formant une série de treize niches surmontées de dais, dont neuf sur la face principale, et deux sur chacun des côtés. Au milieu, le *Sauveur du monde,* dans ses fonctions de docteur; à droite, *saint Pierre;* à gauche, *saint Paul,* puis les autres *Apôtres,* chacun selon son rang et tenant dans ses mains, soit l'instrument de son martyre, soit l'attribut qui le caractérise.

Un arrière-corps, dont les parties supérieures forment retable, déborde sur les côtés, où sont sculptés deux bas-reliefs magnifiques d'exécution. Du côté de l'Évangile : la *Chute de nos premiers parents:* c'est le moment où l'esprit tentateur vient de remporter la victoire; déjà ses anneaux se déroulent d'autour de l'arbre fatal; Ève vient de cueillir le fruit vers lequel Adam tend la main. Du côté de l'Épître, c'est encore le serpent qui poursuit l'humanité : deux Israélites se tordent, en proie à d'horribles douleurs, sous la morsure de la bête cruelle, encore accrochée à leurs membres; un troisième s'est relevé, ses yeux sont arrêtés sur le *Serpent d'airain,* le Tau figuratif de la croix du Rédempteur.

La pensée de la Rédemption est d'ailleurs accentuée par la présence de douze anges, placés sur les doubles-pilastres qui garnissent les six angles du tombeau et du retable; ces anges portent, en effet, avec le plus profond respect, les instruments de la Passion du Christ : le roseau, les fouets cruels, la couronne d'épines, les dés, l'inscription prophétique, les pièces d'argent, le marteau, les clous, les tenailles, l'éponge, et la lance qui perça son cœur.

Six niches ogivales, dont le fond est formé de glaces miroitantes, encadrent six reliquaires, ou monstrances, deux fois précieuses par la richesse de la matière et par la beauté du travail. Elles renferment, dans l'ordre suivant (en commençant vers l'Évangile), des reliques de nos Saints locaux :

6.

1º *saint Nicaise;* 2º *saint Romain, saint Ouen, saint Laurent d'Eu;* 3º *saint Victrice;* 4º *saint Évode;* 5º *saint Hildevert;* 6º *saint Saens.* Peut-être aurait-il mieux valu ne pas tripler le second reliquaire et donner plus d'importance à la relique de saint Ouen; d'autant que saint Hildevert ne se rattache à notre histoire diocésaine qu'indirectement, par l'arrivée relativement tardive de ses reliques.

Les niches d'angle qui somment les pieds-droits du retable sont couronnées de pyramides. Chacune d'elles contient un ange tenant un encensoir au repos sur le sol. Un second ange orne la partie supérieure : il chante en s'accompagnant d'un instrument de musique. Ces statuettes sont fort remarquables et très finies, comme celles des douze Apôtres et surtout celle du Sauveur.

Chacune des colonnettes qui séparent les arcatures est également couronnée d'un petit ange portant un phylactère, avec les inscriptions suivantes (la première commence en arrière de l'autel, du côté de l'Évangile) : HÆC REQUIES MEA IN SÆCULUM SÆCULI : *Je reposerai ici dans les siècles des siècles.* — BONUM EST NOS HIC ESSE : *Il nous est bon d'être ici.* — PARATUM COR MEUM, DEUS : *Mon cœur est prêt, ô mon Dieu.* — PROBET AUTEM SEIPSUM HOMO : *Que l'homme donc s'éprouve lui-même.* — SI QUIS MANDUCAVERIT, VIVET : *Si quelqu'un en mange, il vivra.* — VENITE, COMEDITE : *Venez, mangez.* — PANIS QUEM EGO DABO, CARO MEA EST : *Le pain que je donnerai, c'est ma chair.* — Toutes ces aspirations répondent aux emblèmes portés par les deux petits anges qui servent, de ce côté, d'amortissement aux colonnes élancées du tabernacle, à savoir : un *ciboire* et une *gerbe de blé.*

Sur l'autre face du tabernacle sont deux anges semblables, porteurs, le premier d'un cep de vigne chargé de grappes de raisin, et le second d'un calice; aussi les inscriptions du côté de l'Épître ont-elles toutes rapport au précieux sang du Christ : AGNUS SEMPER OCCISUS : *C'est l'Agneau sans cesse immolé.* — PACIFICANS OMNIA PER SANGUINEM EJUS : *Il pacific tout par son sang.* — MELIUS LOQUENTEM QUAM ABEL : *Il est plus éloquent qu'Abel.* — SI QUIS SITIT, VENIAT : *Si quelqu'un a soif, qu'il approche.* — RESUSCITABO EUM IN NOVISSIMO DIE : *Je le ressusciterai au dernier jour.* — BEATI QUI LAVANT STOLAS SUAS IN SANGUINE AGNI : *Bienheureux ceux qui lavent leurs robes dans le sang de l'Agneau.* — FULGEBUNT JUSTI QUASI SCINTILLÆ IN PERPETUAS ÆTERNITA-TES : *Les justes brilleront éternellement comme des étincelles.* Ces deux dernières inscriptions se trouvent en arrière de l'autel.

Reste à peindre le tabernacle, où la couleur s'associe au métal d'une manière si heureuse, que la plume ne suffit plus et qu'il serait nécessaire de recourir au pinceau. Bornons-nous, dans notre impuissance, à une simple analyse.

Le tabernacle est tracé sur le plan d'un octogone dont deux pans sont engagés dans l'épaisseur du retable; trois autres ne sont visibles qu'en arrière de l'autel, trois font face au spectateur. C'est là surtout que la décoration est de la plus grande richesse. Sur un fond sombre, formé par un émail qui revêt le métal de sa teinte noire et brillante, se détachent d'élégants rinceaux en relief, richement dorés, relevés ici de pierres fines, là d'émaux diversicolores; sur chacun des trois pans visibles, ils entourent trois médaillons offrant chacun un sujet différent avec son inscription spéciale.

I. Du côté de l'Évangile :

1º *Les Israélites recueillant la manne dans le désert :* EGO PLUAM VOBIS PANES DE CŒLO : — EGREDIATUR POPULUS ET

COLLIGAT : *Je vous ferai pleuvoir des pains du ciel : — Que le peuple sorte et les recueille.*

2o *L'Immolation de l'Agneau pascal* : TOLLAT UNUSQUISQUE AGNUM : — ERIT AUTEM SANGUIS VOBIS IN SIGNUM : *Que chacun prenne un agneau : — Son sang vous servira de signe.*

3o *Élie fortifié par un ange* qui le nourrit du Pain miraculeux : SURGE ET COMEDE; — AMBULAVIT IN FORTITUDINE CIBI ILLIUS : *Lève-toi et mange; — Il alla, fortifié par cette nourriture.*

II. Du côté de l'Épître :

1o *Les pèlerins d'Emmaüs* reconnaissent Jésus à la fraction du pain : ACCEPIT PANEM ET BENEDIXIT; — COGNOVERUNT EUM IN FRACTIONE PANIS : *Il prit du pain et le bénit; — Ils le reconnurent à la fraction du pain.*

2o La communion de *sainte Marie l'Égyptienne* : EDUXIT EAM IN SOLITUDINEM, — ET CIBAVIT PANE VITÆ : *Il la conduisit dans la solitude, — Et la nourrit du pain de vie.*

3o *Sainte Claire,* portant la sainte Eucharistie; deux de ses religieuses l'accompagnent avec des flambeaux : NOLITE TIMERE, PUSILLUS GREX : — EGO VOS SEMPER CUSTODIAM : *Ne craignez pas, petit troupeau : — Moi, je vous garderai toujours.*

III. Sur la porte du Tabernacle :

1o *Jésus bénit les pains dans le désert* : COMEDERUNT OMNES ET SATURATI SUNT; — TULERUNT SEPTEM SPORTAS PLENAS : *Ils mangèrent tous et furent rassasiés; — Ils remportèrent sept corbeilles pleines.*

2o *Jésus instituant la sainte Eucharistie* : HOC EST CORPUS MEUM QUOD PRO VOBIS DATUR; — HOC FACITE IN MEAM COMMEMORATIONEM : *Ceci est mon corps, qui est donné pour vous; — Faites ceci en mémoire de moi.*

3º *Jésus faisant toucher à Thomas* incrédule la plaie de son divin Cœur : QUIA VIDISTI ME, THOMA, CREDIDISTI; — BEATI QUI NON VIDERUNT ET CREDIDERUNT : *C'est parce que vous m'avez vu, Thomas, que vous avez cru; — Bienheureux ceux qui n'ont pas vu et qui croient.*

L'intérieur de ce tabernacle est richement orné d'étoffes précieuses; sur sa porte dorée et incrustée d'émaux, au dedans comme au dehors, on lit cet avertissement : VERE DOMINUS EST IN LOCO ISTO : *Vraiment le Seigneur est ici.*

Cet édicule, si bien exécuté comme art, si bien conçu comme pensée, est couronné d'une riche pyramide, octogone comme lui, ajourée dans toute sa hauteur et divisée en trois étages dont voici la distribution :

Immédiatement au-dessus du tabernacle, une large niche, destinée à recevoir la Croix, ou l'Ostensoir, selon la solennité; puis huit arcades ogivales, dont chacune renferme un ange qui sonne de la trompette; enfin un clocheton, ou pinacle, décoré d'élégantes volutes et de fleurs dont le calice se transforme en bobêchon, pour recevoir des lumières lorsque le saint Sacrement est exposé aux fidèles.

Nous avouerons en toute simplicité que cette dernière idée est loin de nous paraître heureuse; nous n'apprécions pas davantage la singulière disposition des porte-cierges destinés à recevoir les flambeaux liturgiques [1]. Mais d'aussi légers défauts n'ôtent rien à la majesté et à la beauté de l'ensemble de ce trône merveilleux, élevé par la foi à la divinité du Christ cachée sous l'humble apparence de la petite

---

[1] Cette critique et plusieurs autres, qui ne manquent pas de justesse, furent formulées par M. Jules Thieury, lorsque l'autel de Bonsecours fut exposé à Rouen en 1877; pourtant il conclut, comme nous, que c'est en somme une œuvre remarquable et digne des plus grands éloges.

hostie blanche, douce et humble comme notre Dieu, d'autant plus digne des hommages des hommes.

Faites le tour du tabernacle, et, sur sa face postérieure, entre une croix tréflée et un modeste écusson sans insignes portant : *d'azur à un chevron d'argent, accompagné en pointe d'une billette du même,* vous lirez ce touchant dystique :

ÆDICVLAM | IN | TERRIS | LÆTVS | TIBI | , CHRISTE | PARAVI;
ÆTERNAM | IN | COELIS | DA | MIHI | , CHRISTE, | DOMVM.
1857

C'est l'humble et charmante prière d'un saint archevêque de Rouen, Mᵍʳ Blanquart de Bailleul, qui, malgré sa pauvreté, voulut faire les frais de ce beau tabernacle et le paya *quatre mille francs.*

On garde encore au presbytère de Bonsecours la lettre où le pieux prélat exprimait ses intentions et donnait le modèle exact de l'inscription avec ses accessoires :

« *Il me sera très doux et salutaire,* écrivait le pieux prélat, *de prier ainsi Notre-Seigneur, longtemps encore après que j'aurai disparu de ce monde.* »

Dieu, qui aime les cœurs généreux, lui a donné sans doute en son royaume un palais digne de sa foi et de sa libéralité.

# CHAPITRE VI

LES CHAPELLES — LA CHAPELLE DE LA TRÈS-SAINTE-VIERGE
LA CHAPELLE DE SAINT-JOSEPH — LES FONTS BAPTISMAUX

## I. — CHAPELLE DE LA TRÈS-SAINTE-VIERGE

SI l'admirable sanctuaire, dont nous avons
essayé de donner à nos lecteurs une idée
nécessairement imparfaite, mérite d'être re-
gardé comme *la tête* de l'édifice, la chapelle
de la Sainte-Vierge en est assurément *le cœur ;* car c'est elle
qui lui donne la vie, elle qui attire cette foule, elle où
viennent d'abord prier ceux que ne séduit pas uniquement
l'éclat de l'or et des couleurs.

Voyez donc : juste au centre de cette muraille si richement décorée, c'est la *Statue miraculeuse de Notre-Dame
de Bonsecours.* Ne demandez pas à connaître l'artiste qui la
façonna : il n'y a pas eu d'artiste.

Un artisan inconnu prit un jour dans ses mains un tronc
de bois vulgaire; et, parce qu'il aimait Marie, il résolut de
tirer de ce bloc l'image de la Reine des cieux, dont il
avait bien des fois réclamé le *bon secours.* Il travailla

comme il put, sans aucune prétention à la louange des hommes, s'efforçant de reproduire, avec ses outils communs et d'une main peu habituée à rendre la figure humaine, le naïf idéal que lui montrait sa foi.

Du haut du ciel, Marie, toujours humble dans sa gloire, toujours bonne dans sa puissance, souriait à ces efforts; et, parce que l'ouvrier ne cherchait pas sa gloire personnelle, mais le seul honneur de Dieu; parce qu'il aimait et priait Celle dont il avait entrepris de figurer les traits entrevus par son âme; parce que, au lieu de chercher un modèle sur la terre, il avait tourné vers le ciel des yeux ouverts par une foi sincère, Elle adopta cette humble et simple image et se complut à la bénir.

C'est alors que les pieux fidèles qui fréquentaient l'église obscure où la statue de l'ouvrier rustique avait obtenu un autel, commencèrent à ressentir les effets merveilleux de la protection divine; alors les mères affligées se pressèrent aux pieds de la sainte effigie; alors les malades apprirent à implorer d'elle leur guérison; alors tous les malheureux se formèrent en longues files sur le chemin qui conduisait à Notre-Dame de Bonsecours; et la vieille capitale normande, levant les yeux vers la colline, comprit qu'au jour de ses calamités le salut lui viendrait de là[1].

La nouvelle de tant de miracles, opérés par l'intercession de la Vierge miraculeuse; le récit de nombreux bienfaits, qui chaque jour émanaient d'Elle, parvinrent aux Souverains Pontifes: ils ouvrirent en sa faveur le saint trésor des indulgences, et, la dévotion populaire continuant toujours à s'accroître, le jour vint où la vieille église ne suffit absolument plus à contenir la foule désireuse de s'agenouiller confiante aux pieds de l'image vénérée.

---

[1] Levavi oculos meos in montes, unde veniet auxilium mihi.

C'est alors qu'il fallut songer à lui construire un autre temple. Oui, c'est pour ce morceau de bois, pour loger convenablement cet essai simple et naïf d'un ouvrier dont le nom ne sera jamais célèbre que dans le royaume des Anges; c'est pour placer ce tronc transfiguré, non pas par le génie d'un homme, mais par le regard complaisant de Celle qui fut Mère de Dieu; c'est pour cela qu'un saint prêtre, avec la seule énergie de son amour et de sa foi, a remué la France et l'Europe, et ramassé *les millions* si diligemment employés à décorer la demeure de Marie.

Il était donc bien juste et parfaitement naturel que ce fût tout d'abord autour de la Madone que se concentrassent les efforts de M. l'abbé Godefroy; aussi la chapelle de la Vierge et l'autel particulier de Notre-Dame de Bonsecours furent-ils le point de départ des travaux d'ornementation qui devaient, durant cinquante ans, s'étendre et se propager, envahissant l'une après l'autre toutes les parties de l'édifice, sans modifier beaucoup l'aspect de cette première expression de la pensée du vaillant fondateur.

Il nous souvient encore, et ce souvenir excite en nous une émotion aussi douce que profonde, qu'enfant nous sommes venu là, à la veille et au lendemain de notre première communion; nous y avons servi la messe à ce prêtre aussi bon que beau, au cœur trop droit peut-être pour le commun des hommes, qu'on nommait l'abbé Delahaye; nous y avons accompagné cet autre guide de notre enfance, le condisciple et l'ami du saint curé de Bonsecours, M. Alliaume, dont tant de presbytères gardent l'image vénérée; enfant, jeune homme, nous y avons chanté ces beaux cantiques du Petit Séminaire, où l'âme pure et poétique du pieux abbé Bluet, d'exquise mémoire, savait trouver et faire saisir tant de nuances délicates. A travers tous ces souvenirs et par delà tant de figures aimées de maîtres et de condisciples, la madone de Bon-

secours et son autel nous apparaissent, tels que nous les
voyons aujourd'hui, après quarante années qui ont vu tant
d'hommes et de choses se transformer et disparaître.

Dès lors nous possédions et nous gardons encore une belle
image coloriée, chef-d'œuvre d'Armand Cassagne, l'habile
dessinateur rouennais, qui contribua si fortement aux pro-
grès merveilleux de la chromolithographie. Elle représente
l'autel de Notre-Dame de Bonsecours à peu près tel qu'on
le voit aujourd'hui.

Qu'on nous pardonne ces souvenirs intimes, et qu'on n'y
cherche pas autre chose que la preuve de l'énergie avec
laquelle les impressions ressenties au pied de cet autel béni
s'incrustent dans tous les cœurs. Nous revenons à notre
description.

La chapelle de la Très-Sainte-Vierge de l'église de Bonsecours occupe le fond de la sous-aile, à droite du sanctuaire (à gauche du spectateur); l'autel est adossé au mur,
qui termine par un plan droit la basse-nef septentrionale. Il
se compose d'un tombeau placé en avant du mur et d'un
retable pris à même celui-ci.

Le tombeau est un carré long, porté sur deux marches de
marbre; quatre colonnes torses, en bronze fondu et doré,
en supportent la table; elles servent de point d'appui aux
encadrements métalliques qui en circonscrivent les trois
faces.

Sur sa façade rectangulaire se détachent d'abord trois
cadres, ou médaillons, également en bronze fondu, soigneu-
sement ciselés et dorés, reliés entre eux par des roses d'émail
et ornées de pierres brillantes, réparties par groupes de
quatre, à raison de huit groupes pour chaque encadrement.
Dans chacun de ceux-ci, un bas-relief en albâtre. Au
centre : *Jésus en croix,* entre sa divine Mère et Jean, le

bien-aimé disciple; du côté de l'Évangile : *l'étable de Bethléhem*, Joseph, Marie et l'Enfant; à droite : *Notre-Dame de Pitié*, Marie tenant sur ses genoux le corps exsangue de son fils supplicié.

Les écoinçons ménagés entre ces trois médaillons sont remplis d'arabesques et de feuillages enroulés, également en albâtre et fouillés profondément avec autant de talent que de goût; un panneau fort élégant, traité dans le même style, orne la face latérale. Sur l'autel même, un cadre en bronze, sur lequel courent des feuillages, sert à maintenir la nappe et forme un gracieux ornement.

Deux gradins en marbre blanc, décorés d'arabesques et de rinceaux en bronze doré, règnent sur toute la largeur du mur et servent de base au retable.

Vers ses extrémités, le gradin inférieur est entaillé par la courbe de deux piscines, en forme d'arc triplé, qui accompagnent l'autel et sont d'une parfaite convenance comme d'une grande commodité.

Au-dessus des gradins, une série de panneaux, taillés à même la pierre et remplis par des quatre-feuilles peints et décorés avec goût, servent de soubassement à une série d'arcatures, ou niches, formant retable.

Au milieu, sur un piédestal faisant légèrement saillie, la statue miraculeuse de Notre-Dame de Bonsecours, portée par un groupe d'anges qui se cachent sous l'ample manteau dont elle est toujours revêtue. La robe et le manteau de la Vierge Marie et ceux de l'Enfant Jésus varient selon l'ordre des fêtes, de même que les riches couronnes qui attestent leur royauté. Le dais placé au-dessus de la niche occupée par la statue est de forme hexagonale, comme la base qui la porte; il est sommé d'un étage d'arcatures et d'un pinacle fleuronné.

De chaque côté de la Vierge, dans des niches moins profondes, reposent, sur des culs-de-lampe, des vases plus ou moins riches, selon la solennité, garnis de rosiers ou de lis ; plus loin, deux anges debout, portés sur des consoles et déployant des phylactères sur lesquels on lit ces paroles : à gauche : AVE, GRATIA PLENA : *Je vous salue, pleine de grâce;* à droite : BENEDICTA TV IN MVLIERIBVS : *Vous êtes bénie entre les femmes.*

Au-dessous et en avant de la statue de la Très Sainte Vierge, un tabernacle hexagonal, de même style que celui qui décore l'autel-majeur, renferme ordinairement la Sainte Eucharistie ; aussi est-il plus riche encore que celui du maître-autel. C'est le même fond d'émail noir, les mêmes médaillons d'émail pourpre, le même genre d'arabesques et de rinceaux terminés par des fleurs émaillées de blanc, les mêmes bordures, filigranées autour des portes, émaillées autour des frontons qui renferment les arcatures, les mêmes volutes ciselées sur leurs rampants ; mais le centre et les angles de ces frontons sont enrichis d'étoiles en brillants et de roses de pierres fines, qui jettent mille feux à la lueur des cierges toujours allumés alentour.

Sur la porte sont figurées les trois personnes de la Très Sainte Trinité. Vers le haut : une main nimbée et bénissante exprime la présence du *Père;* au milieu : le *Saint-Esprit* est rappelé par une colombe couronnée d'un nimbe crucifère ; au bas enfin : l'*Agneau pascal* figure le *Fils* incarné et immolé pour le salut du monde.

Au-dessus de cette porte, sur la base même du tabernacle, rayonne le chiffre sacré du Sauveur, IHS, formé de rubis avec des diamants en bordure.

Une charmante conception de l'artiste : c'est, au pied de chacun des élégants fleurons d'orfèvrerie qui surgissent entre les gables, un petit ange émergeant à mi-corps et balançant un encensoir.

ÉGLISE DE BONSECOURS. La Chaire.

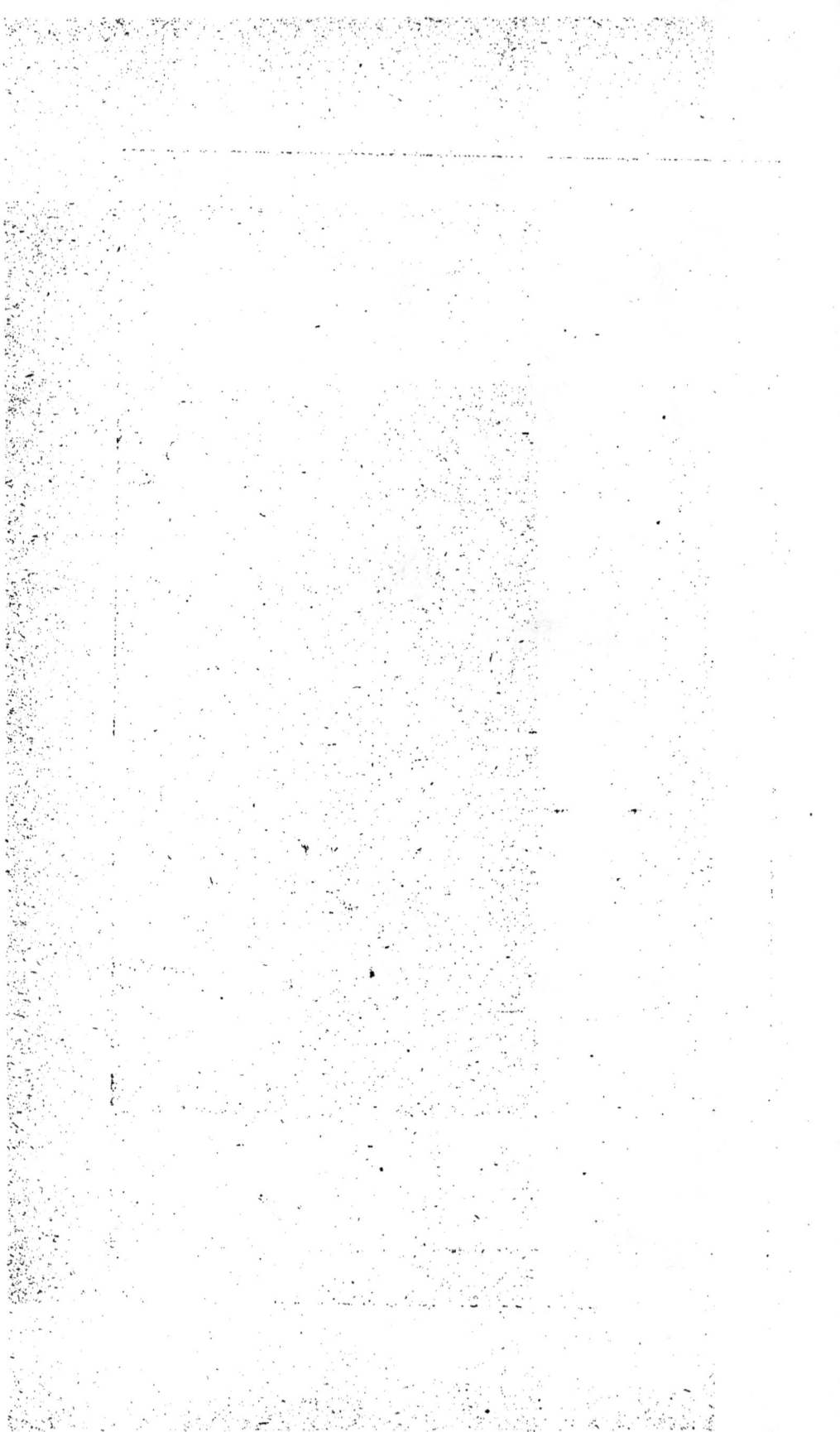

La garniture de l'autel, la croix et les six chandeliers, sont aussi d'une grande richesse et d'un dessin fort heureux. On nous a raconté jadis qu'ils avaient été donnés par une pieuse famille, dont la servante aurait tenu à payer l'un des chandeliers avec ses économies.

Dans la partie voisine de l'autel, le mur septentrional a reçu six porte-cierges semés de douilles multipliées; ce n'est pas trop pour consumer toute la cire qu'y fait affluer la piété des pèlerins.

Neuf lampes, suspendues aux voûtes, brûlent en outre continuellement devant l'image de Marie, depuis le jour de l'ouverture du Concile du Vatican (8 décembre 1869). Un peu plus loin, dans la nef, sont deux petits navires, provenant de l'ancienne église; souvenirs d'autant plus touchants, qu'ils sont plus frêles et plus humbles. Souvent des équipages dieppois, secourus durant la tempête par la Vierge de Bonsecours, font dire des messes à cet autel.

Après la seconde travée, une grille à hauteur d'appui clôt et défend le sanctuaire contre la pieuse invasion des pèlerins trop empressés. Dans les réseaux d'argent de cette grille se jouent des oiseaux affrontés du plus gracieux effet.

## II. — CHAPELLE DE SAINT-JOSEPH

La chapelle de Saint-Joseph fait pendant à celle de la Vierge. Absolument de même style, elle est moins richement ornée; mais, tandis que la seconde attend encore un pavage digne d'elle, celle-ci en possède un déjà de même genre que celui du chœur. Au milieu de son sanctuaire, qui n'occupe qu'une travée, un médaillon central montre, sur fond d'azur, une large touffe de lis naturels (et non héral-

diques); c'est l'emblème du chaste *gardien de la virginité de
Marie :* CUSTOS VIRGINITATIS.

Le chiffre de saint Joseph décore le palier de l'autel et son
médaillon central. Les grandes lignes sont les mêmes que
dans la chapelle de la Très-Sainte-Vierge, mais la porte du
tabernacle est seule décorée de reliefs. Au-dessus, dans une
large niche, sans dais et sans pinacle, est la double statue
de saint Joseph tenant par la main l'Enfant Jésus, qui
semble marcher devant lui. Dans les deux niches latérales,
deux anges présentant ces textes : ITE AD JOSEPH; —
QQ (*Quodcumque*) DIXERIT FACITE : *Allez à Joseph ; —
Faites tout ce qu'il vous dira.*

La porte de la sacristie s'ouvre à côté de cet autel. Une
piscine, aux dimensions plus vastes que celles de l'autre
chapelle, fait pendant à cette ouverture.

La grille de la chapelle, ou appui de communion, en fer
forgé et argenté, est sortie des ateliers de M. Virlouvet, de
Rouen, et fait honneur à son marteau.

Redescendons maintenant à travers la grande nef jusqu'à
l'angle nord-ouest de l'édifice, où se trouvent les fonts baptismaux.

### III. — FONTS BAPTISMAUX

C'est une œuvre toute récente et absolument rouennaise.

La cuve, en marbre blanc, est due au talent bien connu
de M. Edmond Bonnet, qui est également l'auteur des modèles fort remarquables d'après lesquels les six panneaux du
beau couvercle, en cuivre repoussé, ont été exécutés chez
M. Marrou, de Rouen.

Solidement campée sur une grosse colonne torse, cette
cuve est en outre étayée par quatre faisceaux de colonnes
supportant des arcatures. Dans chacune de celles-ci, sur

des tympans fuyants, se trouvent les symboles ordinaires des Évangélistes : *les quatre animaux ailés.* Entre *le bœuf* et *le lion* apparaît *l'agneau pascal;* entre *l'aigle* et *l'ange,* la figure du *Christ enseignant.*

A chaque angle, c'est-à-dire au-dessus des chapiteaux de chaque faisceau de colonnes, des anges servent à la fois d'amortissement à celles-ci et d'élégants remplissages pour les écoinçons ménagés entre les courbes des arcatures : deux de ces anges prient, les mains jointes ; deux balancent un encensoir ; deux méditent sur un phylactère.

Le couvercle, à six pans, comme la cuve elle-même, offre la représentation de six baptêmes fameux ; au-dessous de chaque tableau est une légende en français, ce qu'on peut regretter peut-être dans un meuble aussi liturgique que le sont les fonts baptismaux. En voici les inscriptions avec leur disposition :

* BAPTÈME DE N.-S. JÉSUS-CHRIST
PAR SAINT JEAN-BAPTISTE *

---

* BAPTÈME DES SAINTS VALÉRIEN ET TIBURCE
PAR SAINT URBAIN, PAPE *

---

* BAPTÈME DES INDIENS
PAR SAINT FRANÇOIS-XAVIER, APÔTRE *

---

* BAPTÈME DE CONSTANTIN
PAR SAINT SYLVESTRE, PAPE *

---

* BAPTÈME DE L'EUNUQUE DE CANDACE, REINE D'ÉTHIOPIE
PAR SAINT PHILIPPE, DIACRE *

---

* BAPTÈME DE CLOVIS
PAR SAINT REMI, ARCHEVÊQUE DE REIMS *

---

L'édicule est couronné par une statuette en bronze de *saint Jean-Baptiste,* vêtu de la tunique en peau de bêtes, montrant de la droite un agneau, qu'il tient couché sur son bras gauche. Il semble dire : *Voici l'agneau de Dieu, qui efface les péchés du monde.*

En arrière se dresse une pièce merveilleuse, que le crayon seul peut décrire et qui fait le plus grand honneur à M. Barthélemy fils, sur les dessins duquel elle a été construite par l'habile ferronnier rouennais, M. Marrou. C'est une potence en fer forgé, composée de branches tordues avec un art merveilleux, accouplées avec un soin exquis, et décorée de feuillages, en fer repoussé au marteau, qui défient toute description. A sa partie supérieure fonctionne un bras de levier qui, au moyen de quatre chaînes splendidement décorées et terminées par des crochets, que l'on agrafe à volonté, sert à soulever le couvercle, que la rotation de la potence sur son axe éloigne assez de la cuve pour que les cérémonies du baptême s'accomplissent sans que l'officiant soit gêné dans ses mouvements.

Cette machine ingénieuse est, à notre humble avis, sinon la plus artistique, au moins une des plus remarquables pièces du mobilier que possède la charmante église, où nous avons trouvé déjà tant de détails à admirer.

Aussi Mgr Thomas a-t-il voulu bénir et inaugurer en personne les fonts baptismaux de Bonsecours, le dimanche 3 octobre 1886. L'enfant qui les étrenna, et que le bon archevêque voulut baptiser lui-même, était une petite fille, la treizième enfant d'un membre de l'*Émulation chrétienne,* bon travailleur et bon chrétien. Elle reçut le nom de Marguerite, en souvenir de Paray-le-Monial, où naquit Mgr Thomas, dont l'écusson montre deux fois cette fleur charmante et bénie.

M. l'abbé Milliard, curé de Bonsecours, qui conçut et

dirigea la construction de cette œuvre splendide, y dépensa, dit-on, plus de 30,000 francs. Ils ne doivent pas lui laisser de regrets.

Bien plus modeste, mais tout aussi charmant, est le bénitier de marbre du portail latéral nord, dont le bas-relief représente *la pauvre veuve déposant son obole* dans le tronc du temple. Il fut exécuté par M. Bonnet fils, en 1876, et n'a coûté que 1,500 francs.

7.

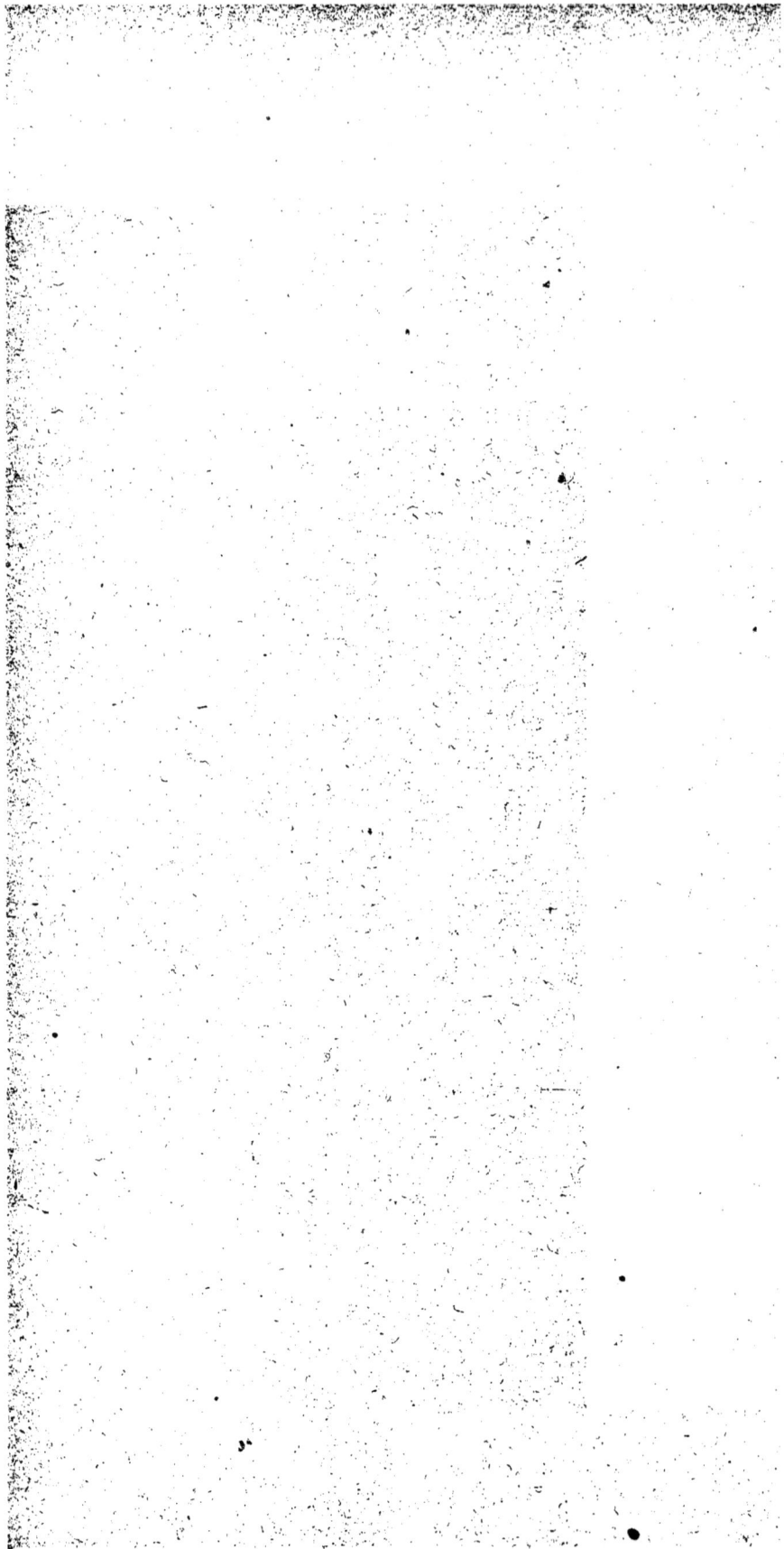

# CHAPITRE VII

Les boiseries sculptées de l'église de Notre-Dame sont vraiment dignes d'être décrites avec un soin particulier.

Nous avons eu plus haut occasion de parler des stalles; il nous reste à signaler la chaire, les confessionnaux et le splendide buffet d'orgues. Avant d'aborder ces belles pièces, signalons-en de plus modestes, qui pour sûr obtiendraient ailleurs des éloges mérités : les deux beaux *agenouilloirs* de la chapelle de la Très-Sainte-Vierge, et le *tronc,* aussi bien conçu qu'exécuté, qu'on voit à côté de la chaire.

## I. — LA CHAIRE

Cette chaire est une œuvre splendide, à l'exécution de laquelle ont concouru presque tous les artistes qui, dans des genres différents, ont contribué à l'ornementation de l'église de Bonsecours.

A la requête de M. Godefroy, le P. Arthur Martin en a fait les croquis; d'après cette conception première, le pied de l'édifice devait être entouré de trois femmes symbolisant les trois *Vertus théologales*. Peu satisfait de retrouver ces trois femmes « qu'on voit partout », le laborieux curé de Bonsecours, que poursuivait sans cesse la pensée des travaux qu'il voulait faire à son église, eut l'idée de leur substituer « quelque chose de plus viril »; il s'arrêta d'abord à la pensée de mettre à leur place trois Apôtres, et ce fut dans ce sens qu'il écrivit, au commencement de l'année 1860, au sculpteur et au menuisier, qu'il tâchait de pousser par tous les moyens possibles.

M. Kreyenbield, s'inspirant des idées, combinées, du P. Arthur Martin et de M. Godefroy, fournit le dessin d'un projet que M. Barthélemy dut revoir et mettre au net.

On arrêta enfin que la chaire serait entourée par les figures de *quatre grands docteurs* appartenant à l'Église de France. MM. Fulconis et Lavoie furent chargés de la sculpture, le premier pour la statuaire, le second pour la partie ornementale.

Cette chaire coûta trente-cinq mille francs; on aurait peine aujourd'hui à obtenir pour *soixante mille* une œuvre aussi bien réussie dans son ensemble et ses détails.


La cuve, parfaitement assemblée, offre sur sa face antérieure trois bas-reliefs encadrés de moulures et de frises d'une grande délicatesse. Ils représentent : 1° *le divin Maître envoyant ses Apôtres* prêcher à toute la terre la doctrine évangélique. Il a les bras étendus; le Saint-Esprit, entouré de rayons, plane au-dessus de sa tête divine; 2° à gauche : *Jésus au milieu des docteurs;* l'un d'eux semble prendre des notes, tandis que les autres écoutent avec des attitudes diverses et comme subissant des impressions variées; 3° à droite : *la Pêche miraculeuse,* symbole des conversions qu'opéreront les pêcheurs d'hommes.

Autour du fût qui supporte la cuve, sont assis quatre personnages de grandeur naturelle; ce sont : 1° *saint Irénée,* évêque de Lyon, le premier des docteurs de l'Église gallicane; 2° à sa droite : *saint Thomas d'Aquin,* de l'ordre des Frères Prêcheurs, le plus grand et le plus illustre des théologiens scolastiques; 3° à sa gauche : *saint Bernard,* le fondateur de Citeaux, dont la parole et les écrits remuèrent si profondément les esprits au xiie siècle; 4° en arrière : *saint Hilaire,* le grand évêque de Poitiers, l'infatigable adversaire de l'arianisme dans les Gaules.

On accède à la chaire par un double escalier, qui devait reposer d'abord sur de légères colonnettes. M. l'abbé Godefroy voulut qu'on supprimât celles-ci, de telle sorte que l'escalier fût hardiment suspendu dans le vide. Outre le bel effet produit par ses courbes audacieuses, on obtenait ainsi le complet dégagement des quatre statues de la base, et tout l'ensemble y gagnait en sveltesse. On dégageait aussi les emmarchements, qui sont ornés de quatre-feuilles, et les jolis panneaux à jour, garnis d'élégants rinceaux et de feuillages délicats, qui supportent la rampe, aussi solide que légère. En arrière du prédicateur, un dossier d'une grande richesse porte l'abat-voix, soutenu par de sveltes colonnettes et formant une circonférence de frontons festonnés retombant en pendentifs comme un riche baldaquin.

Une pyramide à triple étage, ajourée dans toute sa hauteur et décorée sur toutes ses faces de fleurons finement sculptés, s'élève jusqu'à toucher presque les moulures de l'arceau sous lequel elle est placée.

Ici encore le crayon seul est capable de suppléer à l'insuffisance de la plume.

L'auteur de cette chaire remarquable méritait bien la
confiance dont l'investit, en 1875, le digne successeur de
M. l'abbé Godefroy, M. l'abbé Milliard, quand il se résolut
à doter son église de confessionnaux dignes d'elle.


## II. — LES CONFESSIONNAUX

C'est au savant auteur des *Caractéristiques des Saints,* au
collaborateur du P. Arthur Martin dans l'œuvre des *Vitraux
de la cathédrale de Bourges,* en un mot au P. Cahier, que
sont dues les indications hagiographiques utilisées pour ces
quatre beaux meubles, dont les statues furent sculptées par
M. Fulconis fils.

### Premier Confessionnal.

Le bas-relief placé dans le tympan représente *Notre-
Seigneur remettant à saint Pierre les clefs du royaume des
cieux.*

Huit statuettes décorent les pilastres :

1º et 2º A droite et à gauche de la porte, dans la partie
supérieure : *deux anges pleurant* sur les péchés des hommes.

3º Au-dessous du premier ange, à droite : *saint Jean
Népomucène,* né en Bohême, en 1320. Chanoine de Prague
et confesseur de la reine Jeanne, femme de l'empereur Ven-
ceslas ; il fut noyé dans la Moldaw, par ordre de ce dernier,
pour n'avoir pas voulu lui révéler les secrets de sa pénitente. Sur ses lèvres un cadenas témoigne de la discrétion
qui fit de lui un martyr.

4º En face, à gauche : *saint Ambroise,* archevêque de
Milan, dont le diacre Paulin a loué le zèle pour la pénitence. Le fouet qu'il porte à la main nous paraît une allusion à l'excommunication qu'il porta contre Théodose, en
contraignant ce grand prince à sortir de sa cathédrale.

ÉGLISE DE BONSECOURS. Le Trésor. — Orfèvrerie.

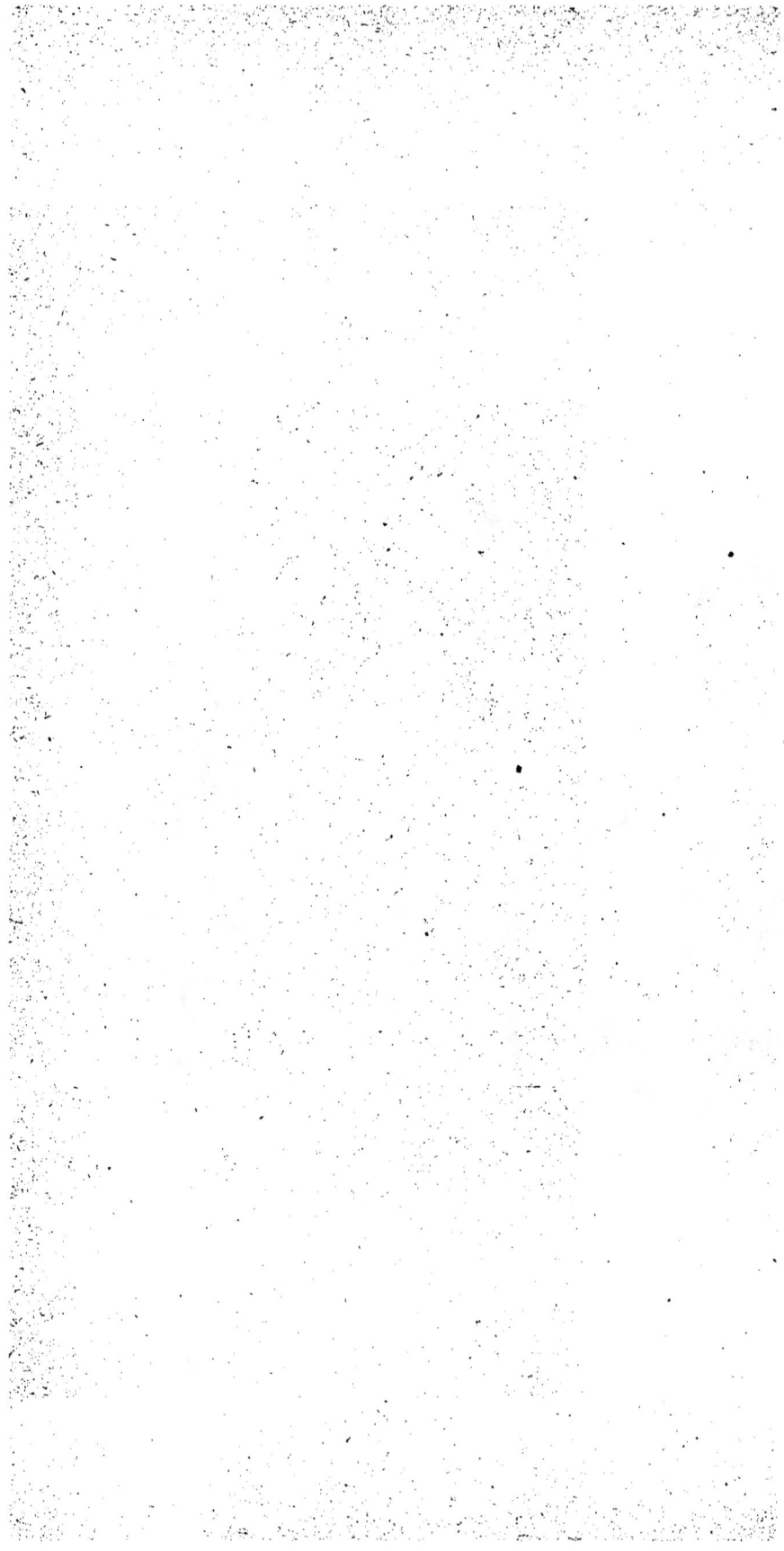

5º Du même côté, sur le second pilastre : *la belle Thaïs,* qui, quoique née chrétienne, s'était rendue honteusement célèbre par ses désordres publics. Le solitaire Paphnuce en entreprit la conversion, et, par la grâce de Dieu, réussit à l'obtenir. Elle tient à la main un miroir, souvenir de sa vanité.

6º Au-dessous : *saint Hospice,* reclus; célèbre par l'austérité de la vie qu'il menait, à la fin du VIᵉ siècle († 582), dans une tour voisine de Nice, où il portait sans cesse de lourdes chaînes.

7º Sur le pilastre de droite, en haut : une femme, également enchaînée : *sainte Maranne* ou *Marana,* dont les fers, acceptés et conservés volontairement, étaient si lourds, qu'un homme ne pouvait les lever et qu'ils la ployaient jusqu'à terre. Elle les garda pendant quarante-deux ans.

8º Au-dessous de sainte Maranne : *sainte Marguerite de Cortone,* dont la jeunesse orageuse fut expiée pendant vingt-trois ans par une rude pénitence. Elle porte à la main une tête de mort, qui rappelle que sa conversion fut la conséquence de la mort d'un complice de ses désordres.

### Deuxième Confessionnal.

Bas-reliefs du tympan : *Madeleine aux pieds du Sauveur.*

1º et 2º *Deux anges sonnant de la trompette ;* c'est la menace du jugement suprême.

3º et 4º *Deux anges témoignant de leur joie* à la pensée de la conversion des pécheurs.

5º Au-dessous du premier ange, à droite : *saint Augustin,* tenant à la main un livre; c'est celui de ses *Confessions,* qui convertit tant d'âmes égarées.

6º Au-dessous du second ange : *saint Hugues,* évêque de Grenoble; il avait le don des larmes, et souvent, au confessionnal, pleurait avec ses pénitents. Il mourut le 11 avril de l'an 1152.

7⁰ A la partie inférieure du second pilastre de droite : *sainte Monique,* mère de saint Augustin, priant, les yeux levés vers le ciel. La prière n'est-elle pas la voie la plus efficace pour convertir les pécheurs?

8⁰ Une femme, un clou à la main. C'est *sainte Aure,* qui fut abbesse d'un monastère fondé par saint Éloi. Dans la vie de ce saint évêque de Noyon, notre archevêque saint Ouen a écrit de cette pieuse vierge : « C'est une fille digne de Dieu. » Pour expier une faute, qui venait cependant bien moins du vice que de la fragilité, elle s'était condamnée à réciter chaque jour le psautier, en s'asseyant sur un siège garni tout à l'entour d'autant de pointes et de clous que l'Église compte de psaumes (c'est-à-dire cent cinquante); ce supplice dura sept ans.

### Troisième Confessional.

Bas-relief du tympan : *Jésus et la Samaritaine.*

Quatre statuettes seulement, mais élevées sur des colonnettes et plus développées que les autres.

1⁰ A droite : *Lazare ressuscité;* il est encore couvert de bandelettes, et symbolise le pécheur sortant de la mort spirituelle.

2⁰ A côté, vers la porte, voici la *Femme adultère.* Prise en flagrant délit, ses cheveux flottent sur ses épaules, et tout indique en elle le trouble et la confusion. Le bon Sauveur connaît son crime, mais aussi son repentir; et il la sauve, sans condamner la loi, par cette parole profonde qui réduirait au silence tant de farouches accusateurs : « Que celui qui est sans péché lui jette la première pierre. »

3⁰ Un homme, aux cheveux incultes, à la barbe négligée,

tenant à la main un bâton et dont un chien lèche les pieds, fait pendant à la pauvre femme; c'est le *lépreux de l'Évangile,* celui des dix, guéris par le Sauveur, qui songea seul à la reconnaissance. Toi que le prêtre a déclaré absous, tâche d'être moins oublieux de la divine miséricorde.

4º Un jeune homme tenant à la main *un crucifix et un marteau.* Serait-ce *le bon Larron,* dont la place est indiquée dans cette histoire figurée de la Pénitence? Les notes du P. Cahier n'ont point été conservées, par malheur, et nous avons en vain cherché dans ses *Caractéristiques* un autre personnage auquel celles-ci pussent s'appliquer.

### Quatrième Confessionnal.

Bas-relief du tympan : l'*Enfant prodigue.*

1º *Saint Pierre,* le présomptueux. Averti par le coq au réveil matinal, symbole de la vigilance, dont l'image figure à ses pieds, il déteste sa faute et pleure amèrement.

2º *Saint Jean-Baptiste,* avec le doux Agneau qui efface les péchés du monde.

3º *Judas,* qui, lui aussi, eut le repentir de son crime; qui, lui aussi, s'en confessa; qui, lui aussi, rompit avec l'iniquité, en rejetant les malheureux deniers qui avaient fait de lui un traître; mais qui ne sut comprendre, hélas! toute la bonté du Seigneur, et fit à son amour une injure plus cruelle que sa trahison même en croyant son crime plus grand que l'infinie miséricorde. La pénitence ne vaut que par l'amour, ou tout au moins par la confiance en Dieu.

4º Un homme, le glaive à la main : *saint Paul,* le grand converti. Il avait juré guerre au Christ, il en fut l'heureux vaincu. Sa tête superbe se courba sous le joug si doux du Seigneur, et ce fut avec bonheur qu'il paya sa dette à Jésus en livrant sa tête au bourreau.

Les belles portes de ces confessionnaux rappellent par leur style les splendides panneaux de l'escalier de la chaire; tous les détails en sont traités avec un soin rigoureux.

## III. — LES ORGUES

Dans cette église, où partout l'or éclate, on a compris qu'il serait déplacé dans des œuvres telles que la chaire et que les confessionnaux, dont la haute valeur artistique rend certes plus qu'inutile le concours du décorateur.

L'or, au contraire, a été prodigué sur le splendide buffet de l'orgue, de la même famille que les stalles, et appelé comme elles à se marier avec les décorations des piliers et de la voûte.

L'éloge que M. Godefroy a fait de cette belle boiserie est parfaitement mérité; et l'on peut dire avec lui que « la noblesse de ses formes, la justesse de ses proportions et la beauté de son ensemble, ne laissent rien à désirer, au jugement de tous les artistes ».

Il faut surtout féliciter l'architecte d'avoir songé à dégager la grande rose du portail, ce qu'il a su obtenir sans mettre à la gêne le facteur, au moyen de deux pyramides, qui encadrent la rosace en offrant aux tuyaux des basses un asile très suffisant.

Ces pyramides sont reliées par une galerie formant « montre », où, parmi les feuillages et entre les rinceaux, apparaissent les figures de David pinçant de la harpe, et sainte Cécile touchant de l'orgue, entourées de groupes d'anges qui chantent les gloires du Très-Haut.

Dans ce palais de l'harmonie, M. Cavaillé-Coll, le célèbre facteur, a placé un instrument digne de sa grande réputation. Tout autre éloge est inutile.

Cet orgue, un des plus renommés du diocèse de Rouen, fut inauguré, le 20 novembre 1857, par le célèbre organiste Lefébure-Wély, alors titulaire du grand orgue de la Madeleine de Paris, « en présence de la plus brillante société qu'il fut possible de réunir; les sommités de l'administration civile et militaire, de la magistrature, du clergé, de la science et des arts; tous s'étaient donné rendez-vous à l'appel du vénérable fondateur de l'église, M. l'abbé Godefroy[1]. »

Nul n'était plus capable que Lefébure-Wély de faire ressortir les beautés et les qualités spéciales du délicat instrument. A une connaissance parfaite du mécanisme et des combinaisons des orgues Cavaillé-Coll, cet artiste joignait des qualités personnelles merveilleusement adaptées au rôle qu'il avait à tenir en cette occasion solennelle : une correction parfaite dans l'exécution, le charme du style, l'élégance des idées, une rare fécondité mélodique, et, avec tout cela, la tempérance nécessaire pour une appropriation judicieuse à la majesté du saint lieu.

On remarqua surtout une improvisation, dans laquelle la *viole de Gambe* concertait avec la *flûte harmonique*. Bien des fois M. Godefroy rappela depuis à ses intimes l'impression que lui avait fait éprouver cette pièce admirable; pour nous, alors presque enfant, nous n'avons jamais oublié le charme de cette audition, à laquelle une heureuse chance nous avait permis d'assister.

Notre région ne possédait encore aucun orgue Cavaillé-Coll, en sorte que les timbres et les sonorités si variées de l'instrument étaient absolument nouvelles pour la plupart des auditeurs; le talent de l'artiste aidant, l'admiration allait jusqu'à l'étonnement, et cependant, à cette époque, l'orgue de Bonsecours n'avait que vingt-deux jeux, sans pédale indépendante.

[1] Journal de Rouen du 21 novembre,

En 1878 et 1879, diverses modifications, ou plutôt divers compléments, vinrent en augmenter la richesse, grâce à la générosité et au sentiment artistique du digne successeur de M. Godefroy, M. l'abbé Milliard, aujourd'hui vicaire général honoraire de Mgr Thomas, archevêque de Rouen, qui a voulu, par ce titre élevé, honorer à la fois l'homme et le curé de Bonsecours.

Les additions portèrent sur le récit expressif, le pédalier et les accouplements, ou augmentés, ou transformés, conformément aux indications ingénieuses de l'unique titulaire que l'orgue de Bonsecours ait eu depuis sa création, M. Fleury, dont Notre-Dame semble s'être complu à récompenser le zèle et l'amour pour son église, en comblant de bénédictions sa nombreuse et charmante famille.

Nous devons à cet artiste, outre la plupart des détails que nous venons de consigner, le tableau qui va suivre de la composition actuelle de l'instrument qu'il fait si bien valoir.

### Composition actuelle de l'orgue de Bonsecours
#### (1890).

Cet orgue est un *seize pieds*, avec façade de 114 tuyaux en *montre*.

Il comprend *trente jeux réels*, répartis sur *deux claviers manuels* et *un clavier de pédales, dix pédales de combinaison*, et *un mouvement moderne* pour l'expression du récit.

*Un troisième clavier manuel*, se combinant à volonté soit avec le clavier du grand orgue, soit avec le clavier de récit, soit avec tous deux à la fois, permet aussi à volonté l'accouplement des octaves graves soit à ces deux claviers ensemble, soit à l'un d'eux séparément, sans qu'aucun d'eux, joué seul, soit affecté du doublement d'octaves [1].

---

[1] L'idée de cette combinaison, qui s'opère par le moyen d'une machine pneumatique, est due à M. Fleury; elle offre de précieuses ressources pour la combinaison des jeux.

## RÉPARTITION DES JEUX

### 1° CLAVIER DU GRAND-ORGUE. — QUATORZE JEUX

| LAIE DES FONDS | | LAIE DES COMBINAISONS | |
|---|---|---|---|
| 1. Bourdon de seize | 16 pp. | 8. Unda maris | 8 pp. |
| 2. Gambe | 8 pp. | 9. Quinte | 2 pp. 2/3 |
| 3. Montre | » | 10. Doublette | 2 pp. |
| 4. Bourdon de huit | » | 11. Progression harmonique de | |
| 5. Salicional | » | 2 à 5 rangs (de tuyaux). | |
| 6. Flûte harmonique | » | 12. Bombarde | 16 pp. |
| 7. Prestant | 4 pp. | 13. Trompette | 8 pp. |
| | | 14. Clairon | 4 pp. |

### 2° CLAVIER DE RÉCIT (EXPRESSIF). — DOUZE JEUX

| LAIE DES FONDS | | LAIE DES COMBINAISONS | |
|---|---|---|---|
| 1. Flûte traversière | 8 pp. | 7. Flûte octaviante | 4 pp. |
| 2. Bourdon | » | 8. Octavin | 2 pp. |
| 3. Viole de Gambe | » | 9. Petite quinte | 2 pp. 2/3 |
| 4. Voix célestes | » | 10. Cor anglais | 16 pp. |
| 5. Basson-hautbois | » | 11. Trompette | 8 pp. |
| 6. Voix humaines | » | 12. Clairon harmonique | 4 pp. |

### 3° CLAVIER DE PÉDALE. — QUATRE JEUX

| | | | |
|---|---|---|---|
| 1. Contrebasse | 16 pp. | 3. Bombardes | 16 pp. |
| 2. Basse | 8 pp. | 4. Trompette | 8 pp. |

## MÉCANISMES AUXILIAIRES

### A LA MAIN :

Clavier de la machine pneumatique pour les accouplements de claviers ou d'octaves.

### AU PIED :

1. Effet d'orage.
2. Tirasse du grand-orgue.
3. Tirasse du récit.
4. Appel des anches de la pédale.
5. Appel des combinaisons du grand-orgue.
6. Appel des combinaisons du récit.
7. Expression.
8. Accouplement des octaves graves.
9. Copula du grand-orgue sur le premier clavier. ⎫ Sur la machine
10. Copula du récit sur le premier clavier. ⎬ pneumatique.
11. Trémolo des jeux du récit. ⎭

Parmi ces jeux, qui tous sont excellents, on peut citer comme plus particulièrement remarquables : la *voix céleste*, les *flûtes harmoniques*, le *bourdon de huit*, le *salicional*, le *basson-hautbois*, le *cor anglais de seize* et la *contrebasse* de la pédale.

« A diverses époques, depuis son inauguration, cet orgue a été visité par des artistes distingués, qui se sont fait un plaisir d'en apprécier et d'en faire ressortir la haute valeur artistique. Parmi les plus éminents nous citerons : MM. Ch. Widor, Lemmens, Guilmant, Saint-Saëns, et enfin Ch. Gounod, qui, de passage à Bonsecours, se fit conduire à la tribune, et, après avoir préludé quelques instants, chanta, en s'accompagnant lui-même, plusieurs fragments de *Gallia*. »

Tous ces hommes, si compétents, se sont trouvés d'accord pour reconnaître que les sons de l'orgue de Bonsecours sont d'une suavité exquise et d'une sonorité admirablement adaptée au remarquable monument dont ses accents animent les voûtes magnifiques.

M. l'abbé Godefroy fut moins heureux, il faut l'avouer, dans le petit orgue de chœur, construit dans des conditions déplorables, sur le refus positif de M. Cavaillé-Coll, par un facteur dont nous tairons le nom, parce que nous croyons morte sa maison, qui fit jadis assez grand bruit par ses réclames.

On ne peut trop regretter que, au lieu de chercher les moyens de dissimuler aux regards l'orgue d'accompagnement, on n'ait pas pris franchement le parti d'en faire un ornement du chœur, en reliant aux stalles un buffet à la fois riche et léger, placé hardiment sur consoles, ou en encorbellement, à la hauteur des abat-voix. Un buffet richement sculpté, orné de tuyaux en montre décorés d'or et de pein=

tures, comme on en a des exemples, assez rares mais fort élégants, aurait apporté sa note dans la décoration du chœur, sans nuire à la perspective générale de l'édifice, et sans encombrer la vue plus que ne le font les stalles elles-mêmes.

Encore une fois, nous regrettons que ce parti n'ait pas été pris tout d'abord; car il est bien peu probable que l'on ose y revenir, puisqu'il faudrait pour cela démolir une portion des stalles, et toucher par conséquent à l'œuvre du fondateur. Il y a là cependant un problème dont la solution s'impose.

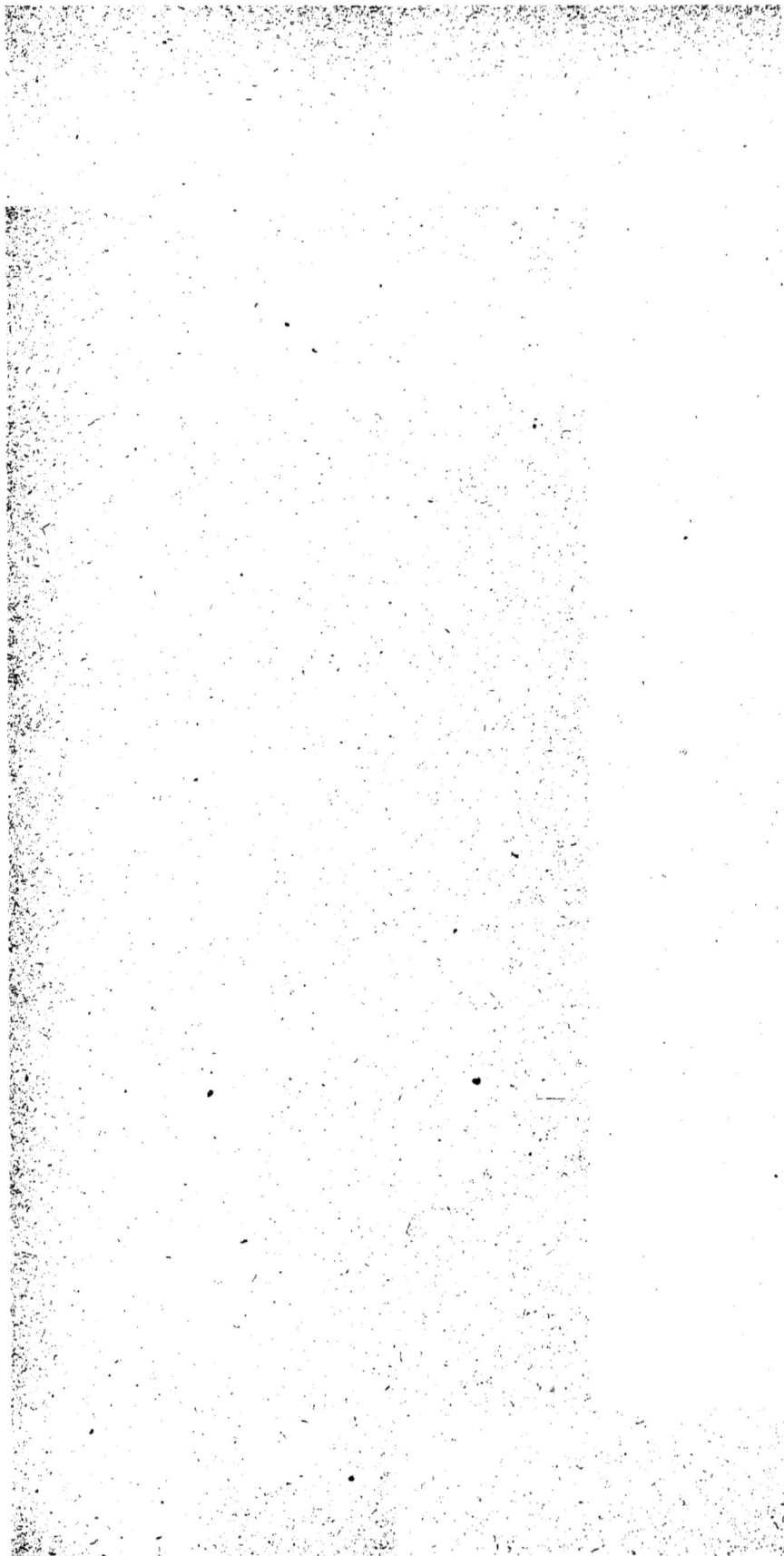

# CHAPITRE VIII

L'HORLOGE — LE CARILLON — LES CLOCHES

IEN n'est parfait dans les choses humaines : et jamais homme n'accomplit une œuvre considérable sans éprouver quelque échec, sans souffrir quelque déception. M. l'abbé Godefroy, malgré ses éminentes qualités d'administrateur, devait subir la loi commune.

Comme l'orgue de chœur, l'horloge, le carillon, les cloches, furent pour lui l'occasion de déboires dont on retrouve la trace dans la partie de sa correspondance qui n'a point été soustraite à la fabrique de Bonsecours.

Et cependant, pour l'horloge, il caressait avec amour l'idée d'en faire une remarquable pièce, pour laquelle il s'était adressé à une maison fort réputée en ce temps-là, la maison Vérité, de Beauvais.

Pour quelles causes? nous l'ignorons; mais ce qu'il y a de certain, c'est que l'exécution répondit si mal aux promesses, que M. l'abbé Godefroy dut renoncer à ses projets, qui étaient d'adjoindre à l'horloge proprement dite : « une chambre astronomique et chronométrique dans la-

8.

quelle, à l'abri d'une voûte étoilée, devaient se reproduire toutes les phases de la lune figurée par une boule mi-partie argent et azur. Le mécanisme eût en outre indiqué les jours de la semaine et les quantièmes du mois, et il eût actionné les aiguilles de vingt cadrans en albâtre, ayant chacun vingt centimètres de diamètre, et sonnant simultanément l'heure précise au méridien des principales villes du monde : Paris, Lyon, Strasbourg, Rome, Jérusalem, Sébastopol, Constantinople, Alger, Sydney, Philadelphie, San-Francisco, New-York, Canton, Saint-Pétersbourg, Le Caire, Venise, Valparaiso, Dublin, Cadix et Moscou. »

Si ce projet n'eut aucune suite, nous croyons que la raison principale de son abandon fut la multitude d'ennuis éprouvés par M. Godefroy à l'occasion du carillon, qu'il avait fait poser en même temps que l'horloge.

En 1858, un journal, à la fois artistique et religieux, *la Maîtrise*, publiait les lignes suivantes : « Le clocher de l'église de Bonsecours, à Rouen, va recevoir un brillant carillon, dans le genre de ceux de Bruges, Anvers et Malines, avec les perfectionnements que le temps et de nouvelles combinaisons apportent nécessairement. »

Hélas ! le carillon si glorieusement annoncé fut en effet mis en place; et nos oreilles se souviennent, après trente ans largement écoulés, de la sensation déplorable que l'étrange sonorité de ce malheureux appareil leur fit alors éprouver.

Malgré les protestations de M. l'abbé Godefroy, le plus gros des trente timbres frappés par le mécanisme avait été réduit à cent cinquante kilos, alors qu'il en devait peser deux cent cinquante. Ce défaut de volume et l'inégalité de son des timbres de la série étaient d'autant plus choquants, qu'ils étaient mal accordés. Impossible de reconnaître, dans cette cacophonie, les divers chants liturgiques que le clavier devait faire entendre au retour des fêtes auxquelles ils correspondent.

Après avoir énergiquement refusé son approbation à cette mauvaise machine, M. Godefroy eut bien du mal à obtenir qu'elle fût remportée par les audacieux incapables qui la lui avaient fournie.

La même société avait fondu les cloches, qui, au jour de la livraison opérée à Darnétal, semblaient avoir le poids requis; mais le membre de la fabrique chargé de les recevoir s'aperçut qu'à l'intérieur on avait fait un blocage de briques, équivalant à un vol audacieux de plus de quatre cents kilos sur l'ensemble des cloches livrées. Le chef de la bande de voleurs à laquelle s'était adressé le trop confiant curé de Bonsecours n'eut pas honte d'accuser son propre fils de cette supercherie, dont il était certainement complice.

M. Godefroy obtint restitution du prix du bronze dérobé, mais les cloches étaient manquées; ce ne fut qu'au bout de trente ans que M. l'abbé Milliard put réparer cette conséquence fâcheuse du choix malheureux d'un fondeur.

Aujourd'hui la sonnerie de l'église de Bonsecours est aussi digne que possible de la charmante basilique à laquelle elle sert d'organe. Sans doute les proportions restreintes de la chambre qu'elles habitent ont fait réduire le volume qu'on eût voulu donner aux cloches : leurs voix sont néanmoins encore assez puissantes pour que, dans les matinées des grandes fêtes, la ville de Rouen puisse les entendre.

Elles sont sorties des fourneaux de MM. Drouot, de Douai, et se distinguent autant par le fini du travail artistique que par la qualité des sons; leur système de suspension est si habilement combiné, qu'un enfant peut les ébranler sans peine.

Ces cloches, au nombre de quatre, donnent tous les degrés d'une quarte juste, de *ré bémol* à *sol bémol*. En employant seulement trois d'entre elles, on peut donc à volonté obtenir une sonnerie en mode majeur (*ré♭, mi♭, fa*), ou en mode mineur (*mi ♭, fa, sol♭*).

Il est même possible, dans les services funèbres, de faire entendre sur la cloche le chant de la première strophe de la prose *Dies iræ,* en modifiant seulement deux notes qui troublent peu la mélodie :

Sol♭, fa, sol♭, mi♭, fa, ré♭, mi♭, mi♭;

Sol♭, sol♭, ré♭ (la♭) | sol♭ | fa | mi♭ | ré♭ | fa | sol♭ | fa | mi♭,

Ré♭ (si♭), ré♭, mi♭, mi♭ | ré♭ | fa | sol♭ | fa | mi♭ |,

De même, au temps de Pâques, on peut, à une note près, faire chanter à la sonnerie la joyeuse reprise de l'hymne *O filii :*

Mi♭, mi♭, fa, mi♭, ré♭, mi♭, fa, fa, fa (si♭);

Fa, sol♭, fa, mi♭.

Nous n'avons pas à raconter ici la splendide cérémonie de la bénédiction des cloches, mais nos lecteurs nous sauront gré d'en reproduire les inscriptions telles qu'on les lit[1] dans le compte rendu publié par la *Semaine religieuse du diocèse de Rouen* (n° du 25 août 1888).

1re cloche. — L'an de grâce 1888, sous le pontificat de Léon XIII, Mgr Thomas étant archevêque de Rouen, M. l'abbé Milliard, vicaire général honoraire, étant curé, et M. Le Bourgeois, maire, j'ai été bénite pour l'église et pour les paroissiens de Bonsecours, et j'ai été nommée *Notre-Dame de Bonsecours.* — Parrain : M. Émile Desbois, en souvenir de son épouse Louise Boisard; marraine : Mme Victoire-Constance Lesade, veuve Adolphe Boisard, donatrice de cette cloche. — Poids : 1,859 kilos; son : *ré bémol.* — MM. Paul et Ch. Drouot, fondeurs à Douai (Nord).

[1] L'excès de modestie de l'un des donateurs a forcé d'omettre son nom.

ÉGLISE DE BONSECOURS. Le Trésor. — Ornements brodés.

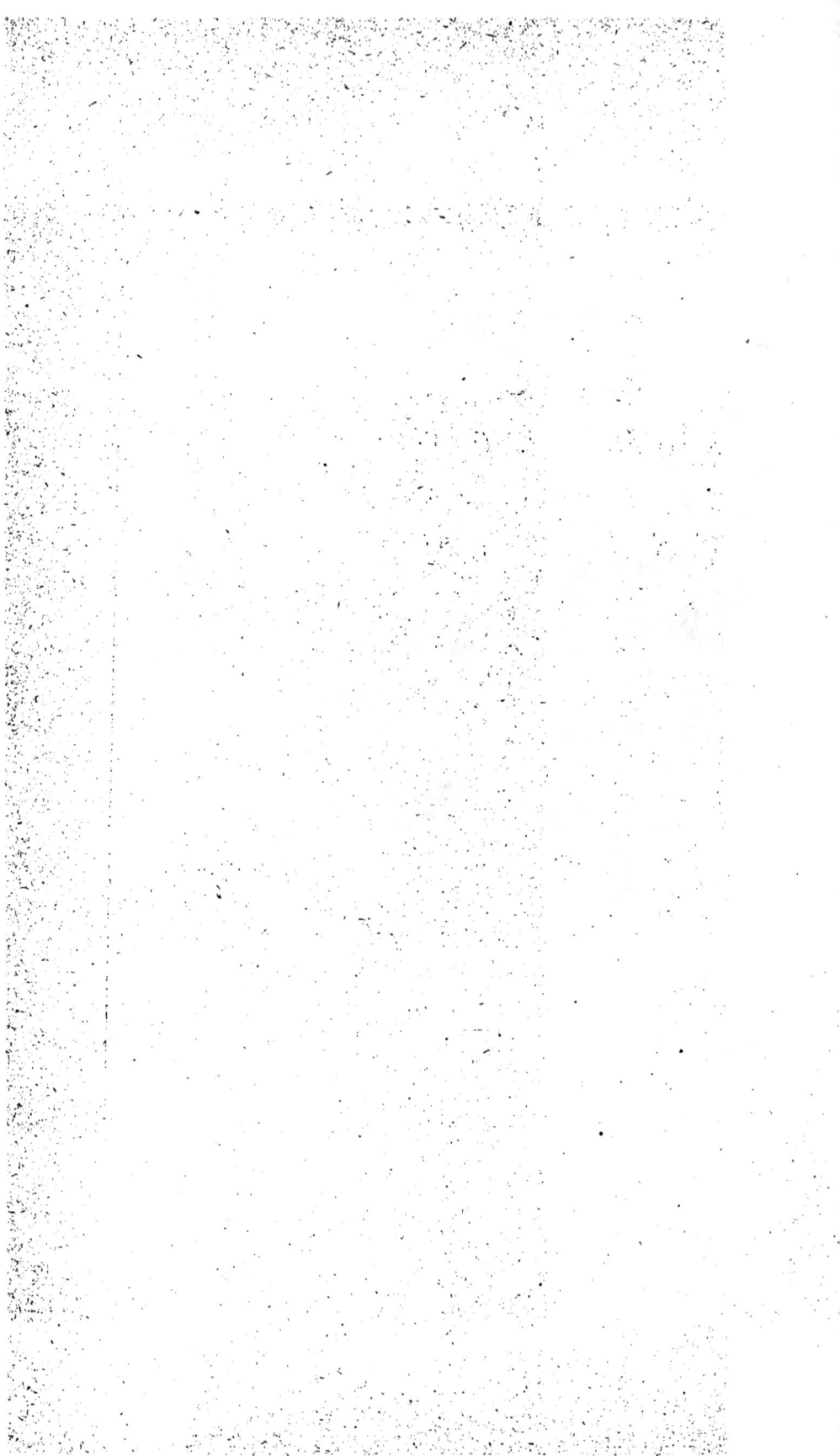

2ᵉ cloche. — L'an de grâce 1888, etc..., j'ai été bénite, et nommée *Émilie*. J'ai été donnée pour perpétuer le souvenir de MM. le marquis de Belbeuf, le comte de Rohan-Chabot et Beaudon, donateurs de l'ancienne sonnerie. — Parrain : M. A. Le Picard ; marraine : Mᵐᵉ F. Lefebvre. — Poids : 1,347 kilos ; son : *mi bémol*. — MM. Paul et Ch. Drouot, fondeurs à Douai (Nord).

3ᵉ cloche. — L'an de grâce 1888, etc..., j'ai été bénite pour l'église de Bonsecours, et donnée par MM. Lachèvre, archiprêtre d'Yvetot ; Pépin, curé-doyen de Darnétal ; les familles A. Le Picard et Brayer, de Bonsecours. J'ai été nommée *Marie-René*. — Parrain : dom Ludovic Le Bourgeois, religieux bénédictin ; marraine : Mᵐᵉ A. Le Picard. — Poids : 968 kilos ; son : *fa*. — MM. Paul et Ch. Drouot, fondeurs à Douai (Nord).

4ᵉ cloche. — L'an de grâce 1888, etc..., j'ai été bénite pour l'église de Bonsecours, et donnée pour conserver le souvenir de M. l'abbé Victor Godefroy, en son vivant chanoine de Rouen et de Notre-Dame de Lorette, et fondateur de l'église de Bonsecours. J'ai été nommée *Victorine-Delphine*. — Parrain : M. F. Lefebvre, avocat ; marraine : Mˡˡᵉ Delphine Barochée, nièce de M. Victor Godefroy. — Poids : 823 kilos ; son : *sol bémol*. — MM. Paul et Ch. Drouot, fondeurs à Douai (Nord).

Selon l'usage, les parrains et marraines avaient, au jour de la bénédiction, revêtu leurs filleules d'ornements magnifiques destinés au service du culte ; nous allons les admirer en visitant la sacristie.

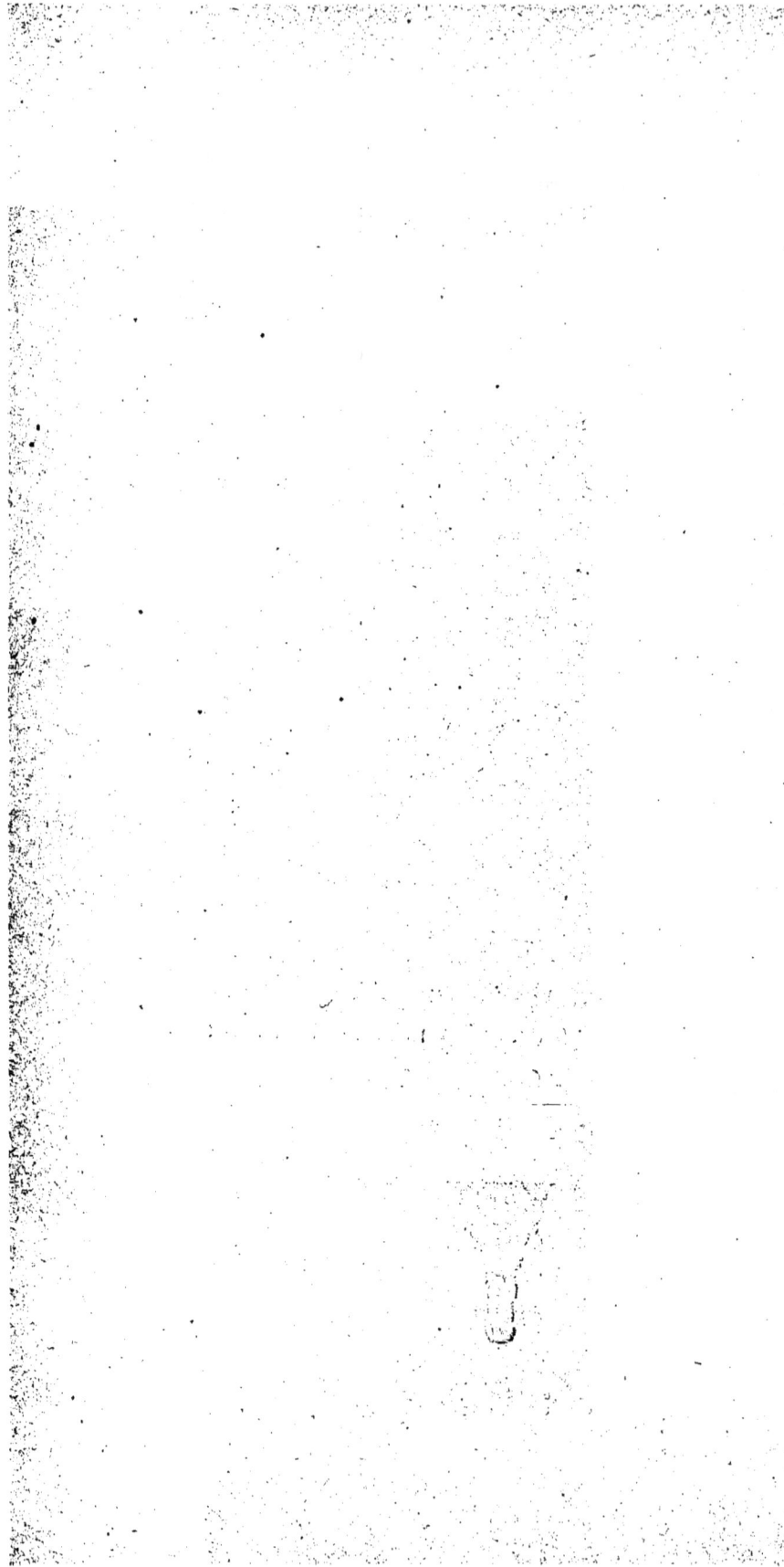

# CHAPITRE IX

## LA SACRISTIE — LE TRÉSOR

A sacristie de Bonsecours forme, comme nous l'avons dit, une sorte de couronne tout autour de l'abside et du sanctuaire de l'église.

De l'intérieur, on y accède par deux portes : l'une, pour les cérémonies du culte, s'ouvre à gauche du sanctuaire; l'autre, pour le service ordinaire et quotidien, est située entre le chœur et l'autel de Saint-Joseph. Du dehors on n'y pénètre que par une porte unique, du côté du presbytère, avec lequel elle communique en outre par une voie souterraine.

Ce dernier mode de communication, fort commode par les mauvais temps, est principalement utile lorsque, à certains jours de fête, une foule pressée envahit tout le pourtour de l'édifice ; elle offre enfin de grandes facilités pour la surveillance nocturne, dont nous dirons quelques mots tout à l'heure.

## I. — L'INTÉRIEUR DE LA SACRISTIE

La sacristie est éclairée par des fenêtres ogivales, formant des séries d'arcatures garnies d'élégantes grisailles ; presque toutes ont été offertes par des membres du clergé, curés voisins de Blosseville ou vétérans du sanctuaire se reposant de leurs travaux dans la maison de retraite.

Les ferrures de ces verrières, en fer forgé d'assez grande épaisseur, doublent et contournent les plombs, de manière à former une grille à réseaux serrés, plus solide et plus difficile à rompre que les barreaux de défense employés ordinairement ; elles soulignent les contours du dessin, qu'elles accentuent au lieu de le briser.

Au-dessous de ces fenêtres, une longue série d'armoires en chêne, d'un bon style quoique très simple, servent de vestiaire au clergé. D'autres panneaux de même nature, et décorés d'ogives ou de caissons dans le style du xiii\e siècle, revêtent toutes les murailles, formant : ici des armoires, là des cloisons, qui divisent cette longue galerie polygonale en plusieurs appartements.

La sacristie de Bonsecours a en effet cet avantage, malheureusement trop rare, même dans nos plus grandes basiliques, d'offrir aux membres du clergé paroissial un endroit calme et réservé, où ils puissent se recueillir et recevoir les personnes qui ont à les entretenir. C'est ainsi que les sacristains ont, vers la chapelle Saint-Joseph, un bureau bien organisé, où l'on peut s'adresser pour l'inscription des messes et pour tous renseignements relatifs au service public. A la suite, vient le parloir ou cabinet de M. le curé, meublé avec un goût sévère. A l'autre extrémité, le cabinet de MM. les vicaires, où tout prêtre qui célèbre en l'église de Bonsecours est tenu d'inscrire son nom sur un registre que l'on garde avec soin ; la série de ces registres forme une collection d'autographes déjà précieuse, dont l'intérêt s'augmente de jour en jour. La cirerie, placée vers la porte extérieure, sert à la fois de vestibule au sanctuaire et à la sacristie.

Un de ces quatre appartements se transforme, chaque soir, en poste de surveillance, qu'occupe un gardien bien armé, défendu contre toute surprise par le grillage extérieur et par deux portes solides communiquant, d'une part avec l'église, de l'autre avec la sacristie. A sa portée est un bouton d'alarme aboutissant au presbytère ; une corde lui permet de mettre en branle une des cloches et de sonner le tocsin, sans sortir de son abri ; en sorte qu'en même temps que le secours arrive par l'intérieur, toute la paroisse, réveillée, peut courir sus aux malfaiteurs et leur couper la retraite. La plus légère tentative d'effraction, soit aux portes, soit aux fenêtres, est immédiatement signalée au veilleur par un appareil ingénieux, que le voleur fait fonctionner lui-même automatiquement, sans s'en apercevoir. D'autre part, M. le curé peut, à toute heure de la nuit, par la pression d'une simple manette, s'assurer de la présence du surveillant à son poste et contrôler sa vigilance.

Ces précautions, dictées par la prudence, ont fait échouer jusqu'à ce jour toutes les tentatives de vol dirigées contre Bonsecours depuis leur organisation; et ceux-là seulement pourront les trouver superflues qui ne connaissent pas les trésors de tout genre dont la piété des fidèles a enrichi, en moins d'un demi-siècle, la demeure aimée de Marie.

## II. — LE TRÉSOR

Une église aussi fréquentée et décorée si magnifiquement
doit, de toute nécessité, posséder une orfèvrerie et des ornements sacrés en rapport avec le luxe prodigué sur ses murailles. Aussi le zélé successeur de M. l'abbé Godefroy n'a-
t-il rien négligé pour mettre en harmonie le mobilier avec
le monument.

Grâce à lui, l'église de Bonsecours possède donc dès maintenant un trésor véritable et qui n'est pas sans intérêt, bien
qu'on ne puisse évidemment s'attendre à y trouver quelque
chose de semblable aux richesses archéologiques qu'un petit
nombre seulement de nos vieilles cathédrales sont parvenues
à soustraire au vandalisme et aux pillages dont elles ont
été tant de fois les victimes.

### Orfèvrerie.

Le seul objet d'orfèvrerie d'une antiquité relative que l'on
rencontre à Bonsecours est un calice en vermeil, repoussé
et ciselé, qui nous paraît appartenir à la seconde moitié du
XVIe siècle, malgré le caractère archaïque des quelques
émaux qui en décorent le pied et la patène. Il nous semble
douteux d'ailleurs que ces émaux aient été fabriqués pour
la place qu'ils occupent, et nous croirions volontiers qu'ils
n'ont été incrustés qu'après coup, de même que les pierres
précieuses qui les accompagnent aujourd'hui, et dont la
sertissure, évidemment moderne, est loin d'avoir ajouté
quelque chose au vrai mérite artistique de cette pièce.

Ce qui la rend surtout intéressante, c'est la décoration de
la coupe intérieure, tout entourée de têtes de chérubins,

dont la bouche laisse échapper, comme autant d'élégantes guirlandes, une triple suite d'arabesques aux lignes capricieuses. Après avoir orné la coupe de leurs dessins fantaisistes, ces ornements couvrent le pied de leurs gracieux détails.

Si l'éclat des pierres précieuses n'ajoute aucun intérêt à ce beau vase eucharistique, il fait le mérite principal d'un ciboire assez moderne, où les feux scintillants des diamants et des roses se mêlent à l'éclat coloré des topazes, des améthystes, des émeraudes, etc. Leur assemblage, bien que fait avec goût, ne dissimule cependant pas la vulgarité de la forme et plus encore de la décoration de ce ciboire, qui semble remonter au second quart de notre siècle, époque où le goût public n'était pas encore revenu aux formes du moyen âge.

Aussi lui préférons-nous, malgré l'immense disproprotion du prix des matières employées, le charmant calice d'argent offert à Notre-Dame par M. l'abbé de Lanterie. Quoi de plus simple et de plus élégant que cet ange, dont l'attitude exprime si bien les sentiments pieux! Il élève, ou plutôt il soutient, la tige assez frêle d'un vaste lis aux pétales d'argent, dont les feuilles lancéolées, se refermant à demi, embrassent la coupe de vermeil qui contient le sang du Sauveur : touchant symbole de la pureté virginale, soutenue par la prière et nourrie par le sacrifice.

L'impression la plus heureuse se dégage de cet ensemble, exempt de toute prétention; et rien ne fait comprendre mieux la formule essentielle du beau, qui n'est, en somme, que l'heureuse traduction par la parole ou le son musical, par la plume ou par le pinceau, par le ciseau du sculpteur ou le crayon de l'architecte, d'une pensée juste et délicate incarnée dans une forme exquise.

Très remarquable aussi et très intéressante est la superbe chapelle en vermeil filigrané, qui fut offerte à l'église de Bonsecours au grand jour du couronnement de la statue de Marie.

Sur le pied du calice, dont la forme, familière au XIII⁰ siècle, consiste en segments de cercle alternant et se combinant avec des parties angulaires, du milieu des filigranes se détachent des médaillons représentant la *Vie de la Très Sainte Vierge*. Le fond d'azur en est brillant, quoique peut-être un peu cru, et de petits personnages, peints et groupés par un artiste habile, s'y détachent en couleurs vives. La croix liturgique est formée de rubis et de diamants.

Les burettes et le plateau offrent, dans le même style, la *Vie de Notre-Seigneur*. Les statuettes des Évangélistes, assises sur le pied du ciboire, lui donnent quelque lourdeur et nous semblent moins heureuses.

Le grand ostensoir, offert par le R. P. Abbé des Prémontrés de Tarascon, et la croix épiscopale, léguée par S. E. le cardinal de Bonnechose, empruntent surtout leur intérêt aux souvenirs qui s'y rattachent. C'est au même point de vue qu'il faut considérer les jolies truelles d'argent aux armes de NN. SS. Hasley, archevêque de Cambrai, et Grolleau, évêque d'Évreux ; la première, emportée par le pieux prélat comme souvenir de la consécration de l'autel de la Très-Sainte-Vierge, a été restituée à l'église de Bonsecours en conséquence d'un désir exprimé dans son testament.

Enfant de Rouen, il ne pouvait oublier, à sa dernière heure, le sanctuaire cher à sa jeunesse.

Nous n'essayerons pas de décrire les autres vases sacrés : calices de moindre prix, chapelles, garnitures d'autels, etc. etc., qui complètent le mobilier de l'église de Notre-Dame.

Une mention spéciale est due pourtant à sa belle croix processionnale, dans le style du xiiie siècle et aux superbes chandeliers destinés à l'accompagner; c'est l'offrande généreuse d'un donateur anonyme.

Terminons par les deux couronnes de la Madone et de l'Enfant Jésus, réservées aux fêtes solennelles.

Ces couronnes sont le dernier don d'une âme sainte qui sut jusqu'au bout porter dignement et noblement deux des plus beaux noms de France : Mlle Louise de Brissac, petite-fille d'un Montmorency.

Beaucoup mieux que la plume, le crayon est apte à décrire cette œuvre d'un goût exquis et d'une merveilleuse richesse; mais s'il en peut fixer la forme et retracer les élégants contours, comment fera-t-il deviner l'éclat multicolore et les scintillements de ce semis d'améthystes, d'émeraudes, d'aigues-marines, de diamants et de roses, dont les feux se marient si heureusement avec les teintes plates des turquoises et des lapis-lazuli? Comment pourra-t-il indiquer l'opposition de ces riches couleurs avec le blanc pur des émaux, dont sont formés les calices des lis et les corolles feuillues des marguerites groupées sur les branches d'or qui ferment les deux couronnes?

De tels objets ne se racontent pas et ne se dessinent pas suffisamment : il faut les voir, et les voir, s'il se peut, à leur place naturelle, sur la tête vénérée des images miraculeuses, alors qu'elles étincellent de tout l'éclat des cierges, des candélabres et des lustres, alors qu'elles rayonnent à travers la blanche fumée de l'encens.

Oui, ce sont bien des couronnes royales, et leur ornementation rappelle bien les titres de Marie, cette reine du paradis, pure comme le lis des vallées, humble comme la fleur des champs, offrant à notre admiration plus de vertus

que la corolle de la charmante marguerite n'offre de pétales
à nos yeux, resplendissante en même temps de tous les feux
de la grâce divine, s'en pénétrant et renvoyant au monde
les irradiations de son humanité tout imbue de divinité.

### Vêtements sacrés.

Avant d'aborder l'examen des vêtements sacrés et des
étoffes, jetons encore un coup d'œil attentif sur les trois
ravissants tableaux (*canons d'autel*), dus à la plume habile et
au pinceau gracieux de M^me L. Danet, de Louviers. Ce sont
trois feuillets datés de 1885, mais qui semblent sortis tout
récemment de la main d'un des scribes les plus délicats de
la fin du xv^e siècle.

Au-dessus de ces belles pages, enrichies d'enluminures
d'un goût exquis et d'un style achevé, se détachent des minia-
tures traitées avec toute la finesse et la richesse de coloris
que comporte le genre à sa plus belle époque. On y reconnaît la Cène, l'image du Sauveur crucifié, celle de la Vierge
de Bonsecours. Les ors qui les encadrent se relèvent en
bosse, accusant chez l'artiste autant de connaissance des
procédés que des modèles légués par le moyen âge.

Une guirlande en argent doré sert de charpente à ces chefs-
d'œuvre de patience et de goût.

C'est également une œuvre d'art que la belle étole brodée
par M^me Duval-Poutrel pour le pape Léon XIII, étole dont
l'église de Bonsecours a gardé la répétition. Aux ornements
pontificaux, que reproduit la broderie, sont joints deux char-
mants médaillons, dans lesquels une main de fée a retracé
à l'aiguille : d'un côté, la belle façade de l'église de Bonsecours; de l'autre, la statue célèbre de la Vierge miraculeuse.

Deux ornements, l'un violet, l'autre rouge, offrent des broderies d'argent d'une grande richesse de dessin, remontant au siècle dernier; d'habiles ouvriers de Lyon les ont réappliquées sur des étoffes nouvelles.

Un ornement complet, en drap d'argent brodé d'or, dû à la générosité de M<sup>lle</sup> Jourdaine, est digne de figurer à côté de ces jolis types des anciennes broderies françaises.

C'est de Lyon que sont venues les belles chappes en style moyen âge, les chasubles de forme antique (c'est-à-dire complètement rondes, avec encolure à leur centre), et les dalmatiques assorties, en drap d'argent brodé d'or et de soie, le tout relevé de pierres fines, qui servent aux principales fêtes de la Vierge. Cet ornement remonte au temps de M. l'abbé Godefroy.

Un autre ornement en drap d'or, offert par les parrains et marraines des cloches, est réservé aux fêtes solennelles de Notre-Seigneur et des Saints. C'est avec lui que fut donnée la splendide bannière paroissiale, que nous renonçons à décrire.

Notons encore, à cause de l'intérêt qui s'attache à son origine, une bannière plus petite, offerte à Léon XIII par les dames de Rennes à l'occasion de son jubilé sacerdotal. Elle a été spécialement désignée par le Saint-Père pour la basilique de Bonsecours.

# CHAPITRE X

CONCLUSION

ERMINONS ce rapide inventaire, et concluons en quelques mots.

Lorsque du pied du calvaire dont les bras étendus dominent le cimetière de Bonsecours, ou de la rampe de ce *plateau des Aigles* qui voit s'élever à cette heure le monument expiatoire et triomphal de Jeanne d'Arc, on aperçoit de loin, au-dessus des mâts des navires et de la longue ligne régulière des quais de Rouen, s'élevant du milieu des maisons entassées, les masses majestueuses de Notre-Dame et de Saint-Ouen, la fine aiguille de Saint-Maclou, les tours carrées de Saint-Vincent, de Saint-Godard, de Saint-Patrice ; les clochers abandonnés, mais cependant si beaux encore, de Saint-André, de Saint-Pierre-le-Portier, de Saint-Laurent, etc., on se demande de quel germe a pu sortir cette éclosion merveilleuse de monuments, dont l'efflorescence étonne, dont la caducité attriste.

9.

Ce germe, c'est la foi de nos pères, cette foi que l'on disait morte, il y a cent ans passés, que l'on dit aujourd'hui mourante.

Sans doute, le siècle qui s'écoule n'a pas relevé toutes les ruines ; sans doute, le sol mal affermi semble encore branler sous nos pieds, et de terribles tempêtes grondent toujours autour de nous.

Et cependant, à l'aspect des merveilles réalisées en moins de cinquante ans sur ce plateau de Bonsecours, à la vue de ces flèches blanches de Sotteville, de Saint-Sever, de Saint-Clément, de Saint-Gervais, de Saint-Romain, de Notre-Dame-des-Anges, de Saint-Hilaire et du Mont-aux-Malades, qui forment à la cité comme une enceinte nouvelle, que compléteront demain Saint-Filleul et Saint-Paul, qui ne se sent frappé de cette fécondité d'une religion qu'on dit trop vieille et proche de la décrépitude ?

« MODICÆ FIDEI, QUARE DUBITASTI ? *Homme de peu de foi, pourquoi as-tu douté ?* » disait le divin Maître à Pierre, qui se sentait submerger par les flots.

Chrétiens, pourquoi douterions-nous ?

N'avons-nous pas senti passer sur notre sol comme un souffle de vie et de résurrection ?

Sur la colline où s'élevait jadis un temple qu'on eût pu nommer *la chaumière de Marie,* un homme de foi a déposé, comme une modeste semence, la pensée d'ouvrir à la Vierge, qu'il aimait passionnément, un asile moins indigne d'elle.

Il y voulait consacrer sa fortune : en tout *soixante-dix mille francs.*

De ce projet est premièrement sortie la merveilleuse église

de Bonsecours, avec sa belle architecture, sa splendide décoration, son mobilier inappréciable. Puis de la plante épanouie se sont échappés d'autres germes, qu'un souffle providentiel a portés sur tous les points de la terre de Normandie, renouvelant la couronne de sa vieille capitale, couvrant tout le pays de Caux, s'envolant jusqu'à l'embouchure de ce vieux fleuve de la Seine dont les eaux reflétaient jadis tant de belles églises et tant de monastères.

Le mouvement s'est propagé jusqu'à ce Havre de Grâce, dans la banlieue et l'enceinte duquel ont surgi depuis quarante ans huit vastes églises paroissiales, un grand couvent, plusieurs chapelles. Les villages comme les villes, les hameaux comme les bourgs, ont subi la même influence ; si bien que, de toutes parts, dans ce vaste diocèse de Rouen, l'histoire pourra dire un jour que l'on a vu sortir du sol, à la veille du vingtième siècle comme au lendemain de l'an mille, des forêts d'échafaudages, et que « la terre s'est de même revêtue du blanc manteau des églises nouvelles ».

Chrétiens, pourquoi douterions-nous ?

Ah ! bien plutôt répétons aujourd'hui ce chœur, que chantèrent les anges au jour de la naissance de notre fondateur : *Gloire à Dieu au plus haut des cieux ! et paix à vous sur la terre, hommes de bonne volonté !*

Oui, gloire à Dieu ! et gloire aux hommes qui font la volonté de Dieu.

Gloire à Dieu ! et gloire à Marie ! à cette créature admirable qu'il voulut bien associer à l'œuvre du salut du monde !

Gloire à la Mère du Sauveur !

Gloire à la Vierge Immaculée, qui sourit à l'humanité en lui tendant l'Enfant divin, dont un mot résume la doctrine :

*Aimez-vous les uns les autres, comme le Père céleste vous aime.*

Gloire à la Vierge, dont la vie dépasse en sa simplicité toute grandeur et toute sagesse.

Gloire à Celle que tous les siècles ont entourée de tant d'honneurs, en échange de tant de bienfaits !

Gloire à Celle dont le pouvoir a consolé tant de tristesses !

Gloire à Celle dont le nom seul sonne comme un cri d'espérance !

Gloire à la Vierge de Bonsecours ! dans tous les temps, et au delà !

L'ABBÉ SAUVAGE

Plomb de pèlerinage (XVIIIᵉ siècle).

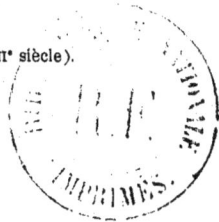

# TABLE

———

## PREMIÈRE PARTIE

# NOTICE HISTORIQUE

———

DEUXIÈME PARTIE

# DESCRIPTION DE L'ÉGLISE

21366. — Tours, impr. MAME.